合同节水管理实务

崔旭光　代志娟　孔庆捷　刘彬　著

中国水利水电出版社
www.waterpub.com.cn
·北京·

内 容 简 介

本书系统地介绍了合同节水管理的由来和发展、我国合同节水管理的相关政策和标准、节水服务企业的资质要求及认证、合同节水管理项目的运作、合同节水管理项目的融资、合同节水管理项目的财政奖励、合同节水管理项目的税收优惠、合同节水管理项目成功案例介绍、合同节水常用技术介绍、合同节水管理调研报告等内容，从项目调研、立项、实施、运维等全流程阐述了合同节水管理项目的运作模式。希望本书可为水行政主管部门提供工作参考，并为节水服务企业提供技术支持。

图书在版编目（CIP）数据

合同节水管理实务 / 崔旭光等著. -- 北京 ：中国
水利水电出版社，2021.1
ISBN 978-7-5170-9400-5

Ⅰ．①合… Ⅱ．①崔… Ⅲ．①节约用水－经济合同－
研究－中国 Ⅳ．①TU991.64

中国版本图书馆CIP数据核字(2021)第020701号

书　　名	**合同节水管理实务** HETONG JIESHUI GUANLI SHIWU	
作　　者	崔旭光　代志娟　孔庆捷　刘彬　著	
出版发行	中国水利水电出版社 （北京市海淀区玉渊潭南路 1 号 D 座　100038） 网址：www. waterpub. com. cn E - mail：sales@waterpub. com. cn 电话：(010) 68367658 （营销中心）	
经　　售	北京科水图书销售中心（零售） 电话：(010) 88383994、63202643、68545874 全国各地新华书店和相关出版物销售网点	
排　　版	中国水利水电出版社微机排版中心	
印　　刷	清淞永业（天津）印刷有限公司	
规　　格	184mm×260mm　16 开本　11.75 印张　292 千字	
版　　次	2021 年 1 月第 1 版　2021 年 1 月第 1 次印刷	
印　　数	0001—1000 册	
定　　价	**72.00 元**	

前 言

人多水少，水资源时空分布不均且与生产力布局不相匹配，是我国的基本水情、国情[1]。严峻的水资源形势，迫切要求我国强化节约用水，转变用水方式，从源头缓解水资源短缺压力、减少污水排放、改善生态环境，促进水资源的优化配置与高效利用[2]。

党的十八大以来，明确要求把节约资源作为保护生态环境的根本之策[3]，强调要推进水的循环利用，建设节水型社会[4]。2014 年 3 月，习近平总书记提出了"节水优先，空间均衡，系统治理，两手发力"的新时期治水思路[5]，指出解决中国水问题必须优先节水，同时发挥政府和市场的作用，使市场机制在优化配置水资源中释放出更大活力。这是习近平总书记深刻洞察我国国情水情、针对我国水安全严峻形势提出的治本之策，体现了深邃的历史眼光、宽广的全球视野和鲜明的时代特征，是习近平新时代中国特色社会主义思想在治水领域的集中体现。《水污染防治行动计划》（国发〔2015〕17 号）进一步明确了节约保护水资源、发挥市场机制作用的相关要求。党的十八届五中全会审议通过的《中共中央关于制定国民经济和社会发展第十三个五年规划的建议》明确提出"推行合同节水管理"[6]。

合同节水管理是基于社会资本参与节水改造和运行的新型节水市场机制模式，对于解决传统节水模式存在的问题具有重要作用[7]。近年来，一些地区和行业中开展了合同节水管理模式的实践探索，并取得一定成效，有效调动了各方参与节水的积极性，在推进节水型社会建设中发挥了较好的示范作用[8]。但因合同节水管理概念提出较晚，总体来说合同节水管理各领域的工作尚在起步阶段，特别是合同节水管理项目实际操作过程中用水单位和节水服务企业都不甚了解具体的流程和方法，给有意愿实施合同节水的各方带来了很多不便[9]。

为系统总结合同节水管理提出以来，我国推行合同节水管理的工作进展和主要成效，引导节水服务产业快速发展，让更多的用水单位选择合同节水管理的方式开展节约用水改造，有效推动用水效率提升，进一步加强节水型社会建设，作者在收集大量相关资料、广泛调研合同节水管理项目经验的基础上，完成了本书，希望对拟采用合同节水管理开展节水工作的各用水单位及合同节水服务企业有一定的参考意义。本书基本内容由十章构成：第一章介绍了合同节水管理的由来和发展；第二章介绍了我国合同节水管理的相关政策和标准；第三章介绍了合同节水服务企业的资质要求；第四章是本书的重点，着重介绍了合同节水管理项目的实际操作；第五章介绍了合同节水管理项目融资；第六章介绍了合同节水管理项目财政奖励的申请；第七章介绍了合同节水管理项目涉及的税收优惠政策及申请方式；第八章介绍了我国近几年来成功实施的合同节水管理项目案例；第九章介绍了在合同节水管理项目操作中常用的节水技术；第十章是本书作者撰写的合同节水管理调研报告。本书由崔旭光、代志娟统稿，前言、第四章、第七章、第十章由崔旭光撰写，第一章、第六章、第九章、附录 A 由代志娟撰写，第二章、第五章、第八章、附录 B、附录 C 由孔庆捷撰写，第三章、附录 D、附录 E、参考文献由刘彬撰写。

　　本书在编写过程中，参考了合同节水概念提出以来水利部综合事业局及其下属各单位的相关研究成果，得到了全国节约用水办公室、水利部综合事业局、中国水利企业协会、中国水利学会等单位的领导、专家的大力支持和帮助，在此表示衷心感谢！

　　由于作者水平有限，书中难免有遗漏或不足之处，敬请批评指正！

作者

2020 年 10 月

目 录

第一章　合同节水管理的由来和发展

第一节　合同节水管理的概念和模式

2014年3月14日，习近平总书记主持召开中央财经领导小组第5次会议专门研究我国水安全问题，提出了"节水优先、空间均衡、系统治理、两手发力"的新时期治水思路[5]，进一步明确了解决我国水安全问题必须同时发挥政府和市场的作用，再次强调市场机制在保障国家水安全中的重要性。2014年11月，李克强总理在考察水利部时指出：要更多地运用市场机制，在加大政府投入、盘活存量的同时，创新投融资机制，鼓励和引导社会资本加大投入力度，充分释放民间资本的活力参与水利建设运营管理，用改革的红利促进水利事业加快发展[10]。时任水利部部长陈雷指出，"节水优先"是新时期治水工作必须始终遵循的根本方针，要像抓节能减排一样抓好节水，全面推进工业、农业、服务业和城市节水[11]。

为深入贯彻落实上述精神，探索如何引入市场机制推进节水工作，水利部进行了深入的调查研究和广泛论证，借鉴在节能减排工作中发挥重要作用的合同能源管理模式，创新性地提出了"合同节水管理"概念[7-8]。

一、什么是合同节水管理

合同节水管理概念源于合同能源管理。20世纪70年代世界石油危机后，合同能源管理在欧美发达国家和一些发展中国家逐步发展起来，节能服务公司通过与客户签订节能服务合同，为客户提供节能改造等相关服务并从中获益。目前，全世界已有80多个国家实行合同能源管理[9]。我国从20世纪90年代末开始引进和推行合同能源管理，政府对节能服务提供财政支持等扶持政策，有效发挥合同能源管理的作用[12]。

为落实习近平总书记"节水优先，空间均衡，系统治理，两手发力"的新时期治水思路，水利部在总结借鉴合同能源管理的基础上，提出了"合同节水管理"的概念[7]。

合同节水管理（Water Saving Management Contract，简称WSMC）是指节水服务企业（Water Service Company，简称WSCO）与用水户以合同形式，为用水户募集资本、集成先进技术，提供节水改造和管理等服务，以分享节水效益方式收回投资、获取收益的节水服务机制。其效益分享机制见图1-1。

合同节水管理是将市场机制运用于节水管理工作的模式，是社会化分工优化配置的体现。在其模式中，节水服务企业、用水单位、政府三方各负其责，共同受益，见图1-2。

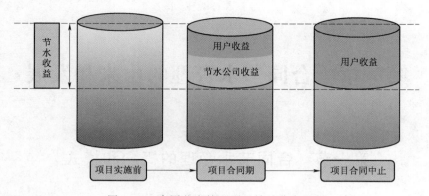

图 1-1 合同节水管理项目效益分享机制

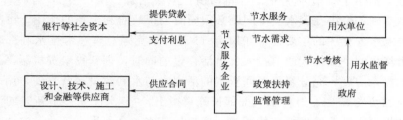

图 1-2 合同节水管理运行框架图

政府管理部门对高用水、高污染排放等行业明确设立节水减排目标，对用水单位用水实施考核和监督管理。制定激励政策，引导鼓励社会力量积极投入，开发实用新技术并进入节水服务行业。通过政策扶持、节水考核和监督管理等措施，约束和引导用水单位和节水服务企业，推动节水服务产业良性发展。2016 年 7 月，国家发展改革委、水利部、国家税务总局联合下发了《关于推行合同节水管理促进节水服务产业发展的意见》（发改环资〔2016〕1629 号），其中明确提出：切实发挥政府机关、学校、医院等公共机构在节水领域的表率作用，采用合同节水管理模式；推进写字楼、商场、文教卫体、机场车站等公共建筑的节水改造；在高耗水工业中广泛开展水平衡测试和用水效率评估，对节水减污潜力大的重点行业和工业园区、企业，大力推行合同节水管理，推动工业清洁高效用水，大幅提高工业用水循环利用率；在高尔夫球场、洗车、洗浴、人工造雪滑雪场、餐饮娱乐、宾馆等耗水量大、水价较高的服务企业，积极推行合同节水管理，开展节水改造。

用水单位按照政府部门确定的用水指标，实施计划用水，节约用水，对未达到节水要求的项目实施节水改造。用水单位不出钱或者出很少一部分钱，享受节水服务企业提供的节水服务，减少用水成本。

节水服务企业是合同节水管理实施的主体，通过与用水单位签订合同，采用集成的综合节水技术，为高耗水企业、高校等用户提供节水服务，有效降低用户节水技术改造的成本，弥补用户节水技术能力的不足。节水服务企业从客户减少的用水成本中收回投资和收益，或者以提供节水设备保证节水效果而获取相应的收益，同时还可获得政府节水减排的奖励基金。

合同节水管理具有多赢效果。从用水户来看，可以享受专业的节水技术改造和长效节水管理服务，降低节水技术改造的资金、技术和管理风险，产生节水减费的效益。从节水服务企业来看，可以使其资金、技术和管理与市场需求有效对接，产生投资效益。从政府来看，可以吸引社会资本投资，弥补财政资金不足，通过市场化运作来有效提高用水效率和节水效益。从全社会来看，可以促进节水产业发展，推动节水型社会建设。

二、 合同节水管理的理论基础

1. 社会分工理论[13-14]

合同节水管理是社会化分工优化配置的体现。专业的节水服务企业为企业和用户提供更为专业和系统化的服务，包括节水方案设计、节水技术选择、节水改造实施、节水系统运营与维护等，能够有效降低客户自己解决节水问题的各种交易成本；同时专业节水服务企业通过规模化运营，可以有效降低节水设备采购、项目运营维护、节水技术遴选的综合成本。以专业化来降低交易费用和运营成本是节水服务企业得以生存的基础。

2013年党的十八届三中全会明确提出"环境污染第三方治理"[15]的理念和方针，应用在工业节水减排实际上就是合同节水管理的一种体现。国家环保部门针对高污水排放企业不达标排放、偷排、乱排（降低生产成本）的现象实施第三方运营管理（如图1-3所示），专业的节水服务企业参与企业节水改造（节污改造），作为第三方主体运营（排污）企业的污水处理系统，国家监管部门放心，排污企业省心省钱。

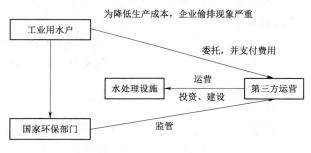

图1-3 工业节水第三方运营图

因此，专业的节水服务企业正是社会分工精细化的产物，合同节水管理模式也是社会分工优化配置理论在现实中的科学应用。

2. 契约理论[16]

契约，也称为合约、合同，是由合作双方根据共同意愿而产生相互间法律关系的一种约定。合同节水管理是一种基于诚信和契约的商业运作模式。由专业化的节水服务企业与节水需求方签订节水服务契约。节水服务企业提供节水诊断、可行性研究、项目设计、项目融资、设备采购与安装调试、计量监测、运行和维修管理等一揽子节水服务，节水需求方根据节水效益支付节水改造投入和相应的服务报酬，双方形成"你服务、我节水"的契约关系。契约明确了当事人的权利、责任和义务，约束了当事人各方的行为，使得资源的配置及使用更合理、高效。

3. 委托代理理论[17]

基于合同节水管理模式的节水需求方与节水服务企业之间实际上是一种委托代理关系。委托代理关系存在的前提是生产的专业化，它本质上是指一种契约关系，根据这个契约，一个或多个行为主体指定雇佣另一些行为主体为其提供服务，并根据其提供的数量和质量支付相应的报酬。

由于信息不对称以及委托人和代理人的效用函数不一致等原因，两者之间可能存在利益冲突，代理人具有偏离委托人利益的冲动。在这种情况下，如果缺乏有效的制度安排，代理人的行为很可能最终损害委托人的利益。因此，必须设计合理的激励约束机制来保证双方利益的均衡。

因此，委托代理理论的本质是如何建立一套有效的激励机制和监督机制来减少委托代理问题，让代理人的行为更加符合委托人的利益。

三、 合同节水管理模式的应用范围

1. 选择合同节水管理模式的基本原则

（1）选择有节水潜力的行业。

（2）所选领域有相对成熟的节水技术可以应用。

（3）节水项目的经济效益可以准确计量实际验证。

（4）节水技术和产品的投资回收期最短。

（5）项目的水价调整到位或节水改造有一定的资金渠道。

2. 合同节水管理模式的应用范围

合同节水管理应该在高耗水、高污染、有节水潜力和节水效益的领域开展，该领域有相对成熟的节水技术可以应用，同时应积极发挥政府机关等公共机构的示范带动作用。合同节水管理可以在以下几个行业中加以应用：

（1）公共机构。切实发挥政府机关、学校、医院等公共机构在节水领域的表率作用，采用合同节水管理模式，对省级以上政府机关、省属事业单位、学校、医院等公共机构进行节水改造，加快建设节水型单位；严重缺水的地区，如京津冀等，市县级以上政府机关要加快推进节水改造。

（2）公共建筑。推进写字楼、商场、文教卫体、机场车站等公共建筑的节水改造，引导项目业主或物业管理单位与节水服务企业签订节水服务合同，推行合同节水管理。

（3）高耗水工业。在高耗水工业领域广泛开展水平衡测试和用水效率评估，对节水减污潜力大的重点行业和工业园区、企业，大力推行合同节水管理，推动工业清洁高效用水，大幅提高工业用水循环利用率。

（4）高耗水服务业。结合开展违规取用水、偷采地下水专项整治行动，在高尔夫球场、洗车、洗浴、人工造雪滑雪场、餐饮娱乐、宾馆等耗水量大、水价较高的服务企业，积极推行合同节水管理，开展节水改造。

（5）其他领域。在高效节水灌溉、供水管网漏损控制和水环境治理等项目中，以政府和社会资本合作、政府购买服务等方式，积极推行合同节水管理。

四、　合同节水管理的主要模式及适用条件

合同节水管理模式是节水管理机制创新的体现。它以公司化运营和市场化运作为核心，集技术集成应用与投融资平台为一体，整合社会资源，推动节水产业投资和技术推广，实现了节水投资建设和运营管理长效化、多元化、集成化、市场化和产业化。它将是新时期节水工作的主要手段，在技术条件、经济条件和市场调节手段完善的工矿企业、生活用水、水污染治理、水环境整治、水生态修复、农业节水等节水潜力较大的领域都可以应用。国家发展改革委、水利部、国家税务总局《关于推行合同节水管理促进节水服务产业发展的意见》中针对合同节水管理模式提出了节水效益分享型、节水效果保证型、用水费用托管型三个经典模式。同时提出，在推广合同节水管理典型模式基础上，鼓励节水服务企业与用水户创新发展合同节水管理商业模式。[18]

1．节水效益分享型

节水服务企业提供资金和全程服务，合同期内节水服务企业和用水单位按照合同约定比例分享节水效益，合同期满后节水效益和节水项目所有权归用水单位所有。该模式作为合同节水管理的主要方式，适用于高耗水工业、公共机构等大部分用水单位。

2．节水效果保证型

节水服务企业与用水户签订节水效果保证合同，达到约定节水效果的，用水户支付节水改造服务费用，未达到约定节水效果的，由节水服务企业按合同对用水户进行补偿。该模式主要适用于生活服务业、灌区改造、企业日常改造、中小型公共建筑改造等周期较短、特殊水价、节水量较小、工程技术较为简单的用水户。

3．用水费用托管型

用水户委托节水服务企业进行供用水系统的运行管理和节水改造，并按照合同约定支付用水托管费用。该模式下，用水户的用水费用由节水服务企业向供水部门支付，节约的水越多，节水服务企业代缴的水费越少，能够得到的效益也就越好。而对于用水户来说，只需约定一个比合同节水管理前所需缴纳水费少的用水托管费用，并提出供水保障需求，其他都无需再管。这种模式适合会计制度更为灵活的用水户。

4．节水设备租赁型

节水公司对用水单位进行专业节水设备安装，并在合同期内对节水量进行测量验证，担保节水效果，用水单位按期以租赁形式支付节水公司费用。租赁费用标准应低于当期节约的用水费用和其他成本之和。项目合同期结束后，节水设备无偿移交给用水单位使用。该模式主要适用于节水主要依赖于节水设备，且节水收益大于设备租赁投入的项目，比如工业洗衣行业的节水洗衣机项目、洗车行业的节水洗车设备等。

5．节水管理服务型

节水服务企业投资建设项目，项目完工后，在约定的合同期内，节水服务企业负责并承担节水项目的运行、维护、管理，项目运营达到合同约定的技术标准后，客户按合同要求的不同节水率的区间支付项目运营服务费。合同期结束时，项目交还给客户。该模式主要适用于灌区改造、河湖水环境修复、水生态治理等周期长、投入大、工程技术复杂的用水单位。

6. 固定投资回报型

在合同约定期内，节水服务企业按约定的投资回报比例向用水户收取投资成本和收益，同时对项目的节水量、用水户用水提供承诺和保证。当用水户用水量或节水效益不能达到合同目标时，节水服务企业收益会受到影响。该模式主要适用于河湖水环境修复、水生态治理等周期长、投入大、工程技术复杂的用水户。

7. 特许经营型

节水服务企业先行投入资金对用水户进行节水改造，节约出来的水量指标由节水服务企业自行出售，有关部门核准该特许经营权。该模式主要适用于用水跨行业的合同节水管理项目，如节水服务企业投资对农业用水户进行了节水改造，节约的水量指标经政府有关部门核准后出售给工业用水户，用特许经营收益支付节水服务企业的节水改造投资成本并取得合理收益。

8. 水权交易型

节水服务企业先行投入资金对用水户进行节水改造，将节约下的水量指标在水权交易市场进行交易，用交易所得支付节水改造投资成本和节水服务企业的收益。

9. 混合型

还可以尝试一些由以上几种基本类型的任意组合形成的混合模式，如：既托管又分享、既保证又分享以及租赁等多种合同节水管理模式。

第二节　国外合同节水管理概况

水资源作为人类生存不可或缺的资源，世界各国和地区都给予了足够的重视，把节水用水、保护水资源从立法的角度予以规定。同时，尤其是经济发达的国家和地区，在政府引导水资源管理工作的基础上，通过发挥市场机制作用推动节水事业发展。

一、美国通过调节水价开展节水的经验

美国作为市场化程度比较高的国家，市场驱动机制无处不在，水资源管理也与市场经济紧密融合在一起。市场的自发调节和民间机构的运作，既减少了政府的直接干预、提高了管理效率，又节约了政府进行水资源管理的成本。在整个水务管理过程中，从取水、用水、供水过程中的水资源配置到大型水利工程项目的兴建，其融资、供求等无不与市场经济制度紧密结合。利用市场规律来调节水价就是一个很明显的例子，水资源依照水质和成本来定价，不同的水价促进了产业结构的合理调整，使水资源向效益更高的产业部门流动，从而实现了水资源的优化配置。

2008 年，美国田纳西州（State of Tennessee）的金丝波顿市（Kingsburton）进行了一项水资源审计，发现整个城市每年大约有 12 亿加仑水（约 450 万 m³）因为水配给系统中的泄漏或者水管破裂而损耗。应用水损耗管理系统能够帮助城市降低环保成本、运营成本，然而这项工程需要非常大的财力支持。为了不增加税收且不动用储备基金，金丝波顿市与节水节能企业 Johnson Controls 公司合作，利用合同节水管理来减少水资源损耗。Johnson Controls 公司通过关键租户融资、资本租赁、PACE 债券（Property - Assessed

Clean Energy Bonds）等多元化的融资方式保证项目资金。关键租户融资是由业主将融资的义务转给其具有关键地位的租户来进行融资。而在资本租赁中，高效率的设备被视作资本设备由 Johnson Controls 公司拥有并且租赁给供水单位。在合同结束时，该设备转为供水单位拥有。资本租赁方式使设备不在供水单位的资产负债表中，在减少税费缴纳方面具有优势。PACE 债券又称税费留置权融资，由政府借款保障。通过 PACE 债券，Johnson Controls 公司可以向专门为节能项目设立的市政融资项目借款，之后可以在 20 年后根据资产缴税单缴纳融资费用。

在项目合同期，项目对供水检漏系统、水表计量两项内容进行了改进。在供水检漏系统方面，为降低真实水损耗，为金丝波顿市安装了自动检漏系统。该系统可以在不影响城市日常活动的情况下，根据测量供水管道内部噪声和振动频率来确定泄漏点和管道断裂点，从而识别水配给系统的泄漏点，并作出不同优先级顺序修理的决策。在水表改进方面，为了减少水表计量误差损失，对金丝波顿市老化的、不准确的水表进行了更换。新的水表能够与移动 AMR 系统（Automated Metering Reading System）相连。为了保证水配给网络与收费系统更加有效，Johnson Controls 公司会每季度召集专家来协助核查金丝波顿市的系统数据。

金丝波顿合同节水管理项目是典型的节水效益分享模式的合同节水管理项目。Johnson Controls 公司为金丝波顿市提供节水服务，承担项目融资，并且承诺在没有达到预定收益时要补偿没有实现的节水收益。而金丝波顿市通过增加的收费和减少的运营维护成本来支付项目费用维持项目运营。Johnson Controls 公司为金丝波顿市更新基础设施，并提供工程服务、设备安装及试运行服务。通过该项目，金丝波顿市实现了财务上的自由。新的检漏系统和移动 AMR 系统也帮助金丝波顿市发现了供水管网的 116 个泄漏点和断裂点。经过修理之后每分钟可减少 1200 加仑（约 4.5m³）的水损失。17 年的合同期结束，预计可实现 1500 万美元的收益。

二、 澳大利亚通过 “合同” 方式开展节水的经验

澳大利亚作为水资源比较短缺的国家，不断探索利用市场机制推动和发展节水事业。政府为用水户提供贷款或贷款担保的方式融资，由专业的节水服务企业对用户提供设计、安装、节水监测等服务，并对承诺的节水量进行合同保障。政府通过减少水资源供应量和基础设施投资获取收益，达到了促进节约用水和保护生态环境的目的；节水服务企业通过项目总承包从节水利润中获得收益；用水户节约了大量水费支出、设备购置成本、资产重置成本等费用，合同期内（7～8 年）可偿还所有贷款。下面从流域、区域和用水户三个方面列举典型事例。

1. 墨累—达令河流域节水项目

政府出资聘请节水服务企业对该流域农业项目灌溉设施进行节水改造，并以合同形式约定，政府和农场主按比例分享节水改造后的节水量。政府获取的水量主要用于环境生态用水，多余部分用于水权交易；农场获取的水量可以有偿转让或通过水权交易出售。政府通过该项目获得了 20 亿 m³ 的节水量，达到了促进节约用水和保护生态环境的目的；农场主通过节水及水权交易获得可观经济收入，并未因用水量减少而影响农业生产。

2. 维多利亚州节水项目

维多利亚州利用市场机制对州政府所属机构的 21 个项目整体进行节水节能改造，节能和节水总效率达到 34%，年平均节约成本费用 1790 万澳元，减少设备购置成本 1400 万澳元，避免资产重置成本 5900 万澳元。

3. 墨尔本理工大学节水项目

墨尔本理工大学节水改造项目采取政府贷款和学校出资按比例共同融资方式，建设 8 套废水回收及再生利用工程，以及更新安装 600 套水龙头、节水马桶和喷淋花洒。项目合同期 7 年，每年节水约 3 万 m^3，节水服务企业对节水量予以承诺，项目运营期间节水量不足部分由企业差额偿还。

三、 亚美尼亚合同节水管理项目

亚美尼亚是内陆国家，属亚热带高山气候，气候相对比较干燥。早在 2000 年，为了加强水资源行业的管理，亚美尼亚政府出台了一系列改革法案。其中包括《水法》，它介绍了一系列的水资源管理的现代化理念，引进了合同节水管理项目。改革还将水资源监督和运营分成独立的部门。由国家水系统委员会（SCWS）负责对水资源进行优化管理，公共服务监督委员会（PSCR）负责行业标准规定的制定，水资源管理局（WRMA）负责发放水资源使用许可证。亚美尼亚水资源实行公有制，但是国有的水资源系统可以由国家或者私有部门进行管理。亚美尼亚水及污水公司（AWWC）是亚美尼亚最大的水资源管理公司之一。

AWWC 于 2004 年 8 月与法国公司 SAUR 签订了一项为期 4 年的合同节水管理项目。项目的实施费用由 AWWC 负责向世界银行筹集，每月支付 SAUR 固定的费用以及根据 SAUR 项目完成程度的"项目实施津贴"，但是并没有相关的惩罚性措施。

该项目服务了亚美尼亚的 10 个区域，包含 37 个城镇和 280 个村庄，合计 70 万人。由 AWWC 全权负责水资源的管理、运营和维护。由 SAUR 负责针对提高供水效率和服务效率的项目设计，并且负责相关的采购。在具体运营方面，由 AWWC 的管委会负责协调监督合同实施的各项工作，由政府任命的技术专家组负责对项目实施进行专门监督并向管委会提供建议，由管委会选择的独立的审计机构来审计项目实施成果，并核算要支付 SAUR 的激励津贴。

在融资方面，AWWC 的所有成本都是由政府税收和政府补贴承担。政府税收由 PSCR 审核确认，根据用户用水量和污水排放量确认，包含用水税、污水收集税和污水处理税。项目的初期准备和支付给 SAUR 运营的固定成本由 AWWC 向世界银行借款。世界银行为采购、服务运营以及水网基础设施的投资提供经济支持。

亚美尼亚的项目属于节水量保证项目，经过 4 年的实施，其水耗得到了有效的降低，供水效率得到了提高，水相关的税费也得到了增加。亚美尼亚的项目能够积极引进国际水资源管理公司，让水资源管理更符合国际标准。

四、 阿曼合同节水管理项目

阿曼位于阿拉伯半岛东南部，全国大部分地区属热带沙漠气候。随着经济的快速发展，阿曼面临着用水需求急剧增加和服务质量要求不断提高的两大挑战。因此，2011 年阿曼公共水电管理局（PAEW）与法国水务管理企业 Veolia 公司签订了一项为期 5 年的水资源管理合同。该项目包含提高运营效率、人力资源开发、转型客户导向型组织、助推成为世界级公益性供水企业 4 个方面。

在提高运营效率方面。PAEW 每年投资 1500 万元，在阿曼不断扩大供水服务范围。Veolia 公司通过整合资产生命周期，优化运营支出，提高资产管理效率。PAEW 与 Veolia 公司将战略水资源运营维护内部化，加强了对提供供水服务的承包商的监控，保证供水服务的持续性。Veolia 通过技术及融资上的优势，从监控区域的设置、检漏过程到必要的资产重组，实现水资源节约，最后通过水质监控提高供水质量。

Veolia 公司的专家组直接在企业中进行水资源管理服务。其管理服务非常全面，涉及运营维护（O&M）、水质量、客户服务、项目执行、规划和资产管理、技术标准、IT 服务、健康卫生及环境服务、质量管理、人力资源管理等。

该项目属于典型的托管型合同节水项目。在项目实施过程中，Veolia 公司同时提供持续的战略和运营工程支持，建成了数据化采集与控制系统（SCADA）、实验信息管理系统（UMS）、计算机维护管理系统（CMMS）等系统，建成 10 个区域性控制室和国家级控制室，人力资源培训数得到 4.6 倍增长。

五、 智利利用水权交易开展节水的经验

智利是较早鼓励使用水权交易的发展中国家，早在 1981 年颁布的《水法》中明确规定根据法律可以向个人授予永久性的和可以转让的水资源使用权。法规的实施激活了全国的水资源交易市场，特别是农村水资源交易十分活跃且非常成功。过去，由于政府单方面提供供水服务，不少农田该灌溉的不能灌溉，能灌溉的浪费现象严重，阻碍了农业生产的发展。现在，通过市场运作，不但所有能浇灌的土地全部浇上了水，还有效地节约了水资源，同时，土地开始向高附加值方面发展。近年来，智利特色水果作物扩大了种植面积，一批高质量的水果满足国内市场并进入国际市场，获得了高额利润。

六、 小结

美国、澳大利亚、亚美尼亚、阿曼和智利的合同节水管理项目涵盖了合同节水管理项目的几种主要类型，且都较为成功。在国外的合同节水管理项目中，还有众多的成功案例，如乌干达、乌克兰、哈萨克斯坦、印度、巴西、坦桑尼亚和布基纳法索等。通过归纳总结，值得借鉴的经验主要有以下几个方面。

（1）制度改革，积极引入市场机制。制度与政策环境是影响合同节水项目实施的重要因素。美国是市场机制发达的国家，也因此合同节水项目在美国实施更加普遍。亚美尼亚在合同节水项目实施以前便进行了一系列的制度改革，使水资源管理部门公司化、私有化。而阿曼的合同节水项目则通过项目实施使水资源管理更加具有灵活性。诸如印度、乌干达、乌克兰等国家的合同节水项目也都是在制度改革之后积极引入市场机制的基础上才得以有效实施的。

（2）简政放权，政府职能转变。亚美尼亚的制度改革中，在引入市场机制的同时，也

在不断使政府的职能进行转变。政府从水服务的提供者转向制度规定者和执行者，水资源管理的具体运营由具体公司负责。这种转变同样也发生在印度、乌干达和乌克兰等国家。职能的转变使得水资源管理更加具有活力，有助于合同节水项目的实施。

（3）更加开放，积极引入国际资本和技术。亚美尼亚、阿曼在水资源管理技术相对落后的情况下，积极引入国际的资本和技术。亚美尼亚委托法国公司 SAUR 进行技术改进，并从世界银行进行借款。阿曼则与 Veolia 公司合作，直接由国外公司进行整个项目的实施。积极引入国际资本和技术也推动了政府在法律与制度上的改革，更加与国际接轨。水资源部门进一步开放是合同节水项目实施的助推剂。

（4）融资多元，不断创新融资方式。美国 Johnson Controls 公司通过租户融资、融资租赁、PACE 债券等方式进行融资；亚美尼亚积极向世界银行借款引入国际资本。通过融资的多元化为合同节水项目提供资金支持，是合同节水项目得以成功实施的保障。

无论是调节水价、合同方式还是水权交易的形式，各国通过引入市场机制快速推动了节水事业发展，这些都为我国利用市场机制开展节水工作提供了很好的借鉴和参考。

第三节　合同节水管理在我国的发展

一、探索和尝试

在合同节水管理概念正式提出之前，国内部分公司或个人对合同节水管理模式进行了积极探索和尝试，并取得经验和成果。

1. 学校合同节水服务项目

2010 年，深圳某节能公司（以下简称"节能公司"）利用其在合同能源管理中积累的经验，开始涉足以合同形式开展节水服务，主要以地下管网查漏、水平衡测试、整体节水技术改造工程为主。2010 年以来，节能公司先后与广东、浙江和重庆等地多所学校以合同约定的方式开展了节水改造服务，主要内容为用水管网检漏维修、节水器具更换改造等。项目节水率均达到 30％以上，在取得一定经济效益的基础上，有效节约了水资源，并取得了良好的社会效益。

（1）浙江长兴县某高级中学。2013 年，节能公司对长兴县某高级中学进行节水技术改造，主要工作为公共区域节水器具改造及日常维修维护，总投入约 62.4 万元。测算合同期 10 年，节水量 75 万 m^3，预计收回资金 133 万元。2013 年 7 月－2014 年 7 月，节约用水量为 7.5 万 m^3，节水率为 49.3％，节约水费 16.6 万元。

（2）广东某大学图书馆。2013 年，节能公司为广东某大学图书馆进行了节水器具的更换，该项目年均节约用水 1.5 万 m^3，实现图书馆节水率 50％，节省水费 4.3 万元。

（3）重庆某大学。2010 年，节能公司对重庆某大学进行节水技术改造，合同期为 6 年，截至 2014 年 9 月，累计直接投入合计约 442 万元。项目采用节水效益分享模式，节能公司和重庆某大学的分成比例为 8∶2。节能公司通过探漏及管道修复基本设备、水平衡测试和节水器具改造及日常维修维护等工作，年均节约用水 60 万 m^3，实现节水率约 30％，公司年均回收资金均超过 100 万元，节水量和节水效益如图 1－4 所示。

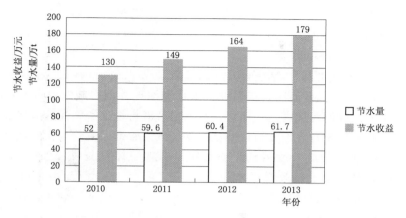

图 1-4 重庆某大学节水量和节水效益

（4）深圳市某小学。2013 年，节能公司对深圳市某小学生活用水（占该校总用水量的 50%）部分进行节水技术改造，主要工作为地下管网探漏及管道修复、职工宿舍及教学楼的节水器具改造与日常维修维护，用水终端实现节水率 50% 以上，整体实现节水率 11.7%。

（5）广州某职业学院。2011 年，节能公司对广州某职业学院进行节水技术改造，合同期 9 年，主要工作为地下管网探漏及管道修复、职工宿舍及教学楼的节水器具改造及日常维修维护，首次投入 22 万元，后续每年投入 4 万元，总计投资 54 万元。该项目年均节约用水 17.4 万 m^3，实现节水率 30%。合同期产生节水效益 122 万元，其中节水服务企业分享 76.4 万元，用户分享 45.4 万元。年均节水效益分成情况如图 1-5 所示。

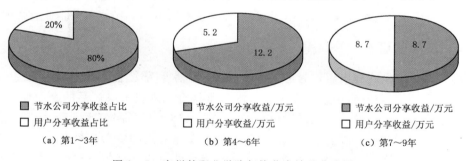

（a）第 1～3 年   （b）第 4～6 年   （c）第 7～9 年

图 1-5 广州某职业学院年均节水效益分成图

2. 居民"合同马桶"改造计划

2011 年，厦门某节水技术有限公司（以下简称"厦门节水公司"）开始尝试采用合同节水管理模式推广应用节水马桶，尤其对单个家庭中存在的用水量无法有效计量和管理的情况下，创新性提出了"给马桶签份合同就能节水"的全新节水管理模式，其推广的理念为"你把马桶交给我，我把服务做到家，每月两块钱，包你马桶不漏水"。该模式是创新拓展合同节水管理模式的一次大胆尝试。厦门节水公司运用"合同马桶"方式累计对厦门市 4 万余户居民和部分公共机构的抽水马桶进行了节水改造。根据初步统计，厦门市每个家庭月平均用水量为 20～25 m^3，而通过抽样检测得到的使用一年以上的马桶平均漏水率下限为 16%，上限为 20%，按此计算，厦门节水公司通过开展马桶节水技术服务措施，年均节约用水 20 万 m³ 以上。

3. 农业合同节水管理项目

2014 年，在河北省水利厅指导下，河北某农业节水公司（以下简称"节水服务企业"）与河北南部某县人民政府结合国家地下水超采治理计划实施农业节水项目。节水服务企业经与该县人民政府沟通谋划，项目初步选定 2 万亩耕地实施高效节水灌溉。节水服务企业由县人民政府授予特许经营协议并接受水行政主管部门监管，实施地下水超采综合治理试点项目和农业水价综合改革试点项目建设管理一体化。项目总投资约 7400 万元（含运行期费用），其中县人民政府投入 3600 万元，剩余 3800 万元由企业与社会资本承担。项目竣工后，实现项目区域内工程、设施管护、运营、服务一体化，达到运营周期为 20 年的农田灌溉设施与计量设施全覆盖。该项目采用"建管服一体化"服务的运营模式，节水服务企业负责项目区的高效节水灌溉设施的建设、管理、运营和服务等工作。通过以合同约定开展农业节水服务的方式，实现政府、农民、企业三方共赢，获得的经济效益和社会效益巨大。

（1）减轻了政府压力。政府只需进行部分投资或补贴，剩余资金和后期运营资金全部由特许经营公司负责，既减轻了政府当期投资压力，又实现项目长期可持续运行。

（2）提高了节水效率和劳动生产率。项目实施后，农业灌溉水利用系数将由原来的 0.65 提高到 0.85 以上，亩均用水量将从 212m³ 降到 171m³，节水率约 20%。改造前每年每亩农田自行灌溉约需 300 元，改造后农业高效节水灌溉不用农户自己灌溉，只需 200 元的服务费用，节约了成本，提高了劳动生产率。

（3）增加了节水服务企业的效益。高效节水灌溉改造后，每亩地每年收取 200 元的服务费，项目区每年可收服务费 400 万元，项目内部收益率约 10%，节水服务企业有合理收益。

二、　试点验证

合同节水管理模式提出后，为进一步推进工作，水利部综合事业局联合北京、天津、河北三省（直辖市），并吸引了十余家在节水行业具有先进技术或产品的企业作为技术股东，共同组建了北京国泰节水发展股份有限公司，具体承担合同节水管理示范试点工作。北京国泰节水发展股份有限公司成立后，围绕合同节水管理的要求，积极在不同领域开展试点工作，先后选择河北工程大学、天津市护仓河、北京市某高尔夫球场、黑龙江省双鸭山市人民医院水环境整治等项目作为试点项目，为完善合同节水管理的理论体系和边界条件寻求第一手实践资料。另外，甘肃大禹节水集团股份有限公司参与了云南省陆良县恨虎坝中型灌区节水改造试点，积累了农业合同节水项目管理的经验。

1. 河北工程大学合同节水管理试点项目

河北工程大学地处河北邯郸，实施节水改造前的 2014 年总用水量 304 万 t，年缴纳水费 1079 万元，不仅超出当地用水定额，还浪费了学校大量财政经费。河北工程大学通过市场行为选择北京国泰节水发展股份有限公司为学校实施合同节水管理改造，双方约定由节水服务商先期投资对学校进行节水改造，利用节水改造后节约的水费作为节水服务商的投资成本和合理收益。北京国泰节水发展股份有限公司投入节水改造资金约 958 万元，改造老旧供水管线超过 3000m，更换改造节水终端 12000 余个，建造了中水回用系统，安装了智能远传水表并建设了中央控制系统，实现了学校供水系统的无缝实时监控。

该合同节水管理项目 2015 年 3 月完工，至 2020 年 2 月，5 年节水 596.7 万 t，平均节水率 49.2%。合同期内，扣除应向节水服务企业方面支付的收益，还可节约水费支出 1880 万元，为学校方减少供水系统维护管理费用 420 万元。

2. 天津市护仓河合同节水管理试点项目

天津市排水管理处通过公开招标选择北京国泰节水发展股份有限公司实施护仓河合同节水管理试点项目。北京国泰节水发展股份有限公司集成运用底泥处理、生物菌、微爆气、生态浮岛、水质预警、应急处理等多种先进技术对污染河段进行治理。完成治理后，每年节省河道水环境维护费用 200 多万元，每年节约"引清冲污"的清水 220 多万 m³，合同期 4 年内共可节约清水近千万立方米，减少污染水体 800 万 m³。

2018 年 5 月 28 日—6 月 11 日，住房和城乡建设部、生态环境部联合督查组对天津市黑臭水体整治情况开展现场督查。通过两周的现场实地勘察检测，督查组负责人表示"从河道景观和水质检测指标来看，护仓河均达到整治要求。"

3. 北京市某高尔夫球场合同节水管理试点项目

北京市某高尔夫球场委托北京国泰节水发展股份有限公司实施球场合同节水改造项目，对灌溉系统进行了升级改造，新建了为自动灌溉提供参数的气象站，建设了替换地下水的再生水利用工程。改造后，球场灌溉用水和景观用水全部改为经过深度处理的中水（生活用水仍用地下水）。合同节水改造后，每年总用水量减少 20 万 t，年减少地下水开采 55 万 t，经济效益、生态效益、社会效益都十分显著。

4. 黑龙江省双鸭山市人民医院合同节水管理试点项目

黑龙江省双鸭山市人民医院改造前年用水总量约 35 万 t，每天产生污水 800t。北京国泰节水发展股份有限公司投资 315 万元为医院建设一座污水处理回用站，经过处理的再生水达到使用标准后用于绿化及冲厕。每天污水处理量可达 560t，一年可节水 20 多万 t。

5. 云南省曲靖市陆良县恨虎坝中型灌区农业节水改造试点

恨虎坝中型灌区位于云南省陆良县，灌区总设计灌溉面积 2.25 万亩，本次试点项目区耕地 1 万亩。项目总投资 2712 万元，项目资金通过各级政府配套、社会融资、群众自筹 3 种途径进行筹措（政府配套 2010 万元，社会融资 646 万元，农户集资 55.6 万元）。项目通过公开招商确定甘肃大禹节水集团股份有限公司为融资及建设单位。节水企业与当地农民用水户合作社按比例入股参与建设，并成立股份公司，公司所投资金按 9.8% 的资本收益率和 5% 的折旧率获取回报。工程建成后，按照"谁投资、谁所有"的原则，由公司新建形成的田间工程所有权归公司，由公司授权或委托合作社按照公司内部章程和制度进行经营和维护 20 年。初步预测社会资本回收期 7 年，年均投资回报率 9.8%，内部收益率为 18.2%。

恨虎坝试点区工程实施后，新建达到高效节水灌溉标准的微喷灌面积 1 万亩，灌溉水利用系数从 0.4 提高到 0.8，每年可增加作物产量 1059 万 kg，增加经济收入 912 万元。其中年节水 45.6 万 m³，同时减少农药化肥施用量 200t，每年流入抚仙湖的面源污染物减少 15t，社会效益、生态效益明显。

三、 试点启示

合同节水管理为运用市场机制引入社会资本参与节水事业提供了一条有效途径,为解决高耗水、高污水排放行业和企业进行节水减排改造投入资金和补偿机制进行了积极探索,是将节水工程投入转化成对节水效果的投入,将政府投资建设工程转变为市场主体为获得经济效益进行节水改造投入的实际而有意义的市场操作。合同节水管理的探索实践和试点经验证明,推行合同节水管理具有重要意义。

1. 实现多方共赢

合同节水管理从根本上改变了传统的节水管理模式,极具推广价值。以上述的河北工程大学合同节水管理项目为例,学校方面在不增加支出的情况下完成了节水改造,改善了用水环境,还分享了节水收益,减少了维护成本;节水技术改造完成后学校年均节水率在45%左右,按实时水价和节水量测算,节水服务企业3年可收回投资成本,后续合同期可持续保持利润;对用水户所在地邯郸市来说,在没有增加财政支出的情况下,减水了水资源消耗,可以为更多产业提供用水保障。合同节水管理实现了用水户、节水服务企业和政府三方多赢。

2. 激发市场活力

先改造、见成效、再付费的投资模式减少了用水户投资风险,调动了用水户节水技术改造的积极性,从根本上激发了市场节水源动力,为社会资本大规模进入节水改造领域提供了广阔的市场。

3. 集成先进技术

合同节水管理通过节水服务企业搭建的技术服务平台,系统集成了先进适用节水技术、产品和工艺,有效解决了节水技术、产品、工艺高度分散与节水技术改造系统性要求的矛盾。它为大规模运用市场机制推动先进适用节水技术和产品研发推广提供了有力的借鉴。

4. 建立长效机制

合同期内由节水服务企业组建的专业运营队伍负责节水系统的运营管理,有利于保障项目的节水效果,解决了以往重建轻管的问题,建立了长效节水管理机制。

四、 实践中存在的问题

通过合同节水管理试点,发现目前开展合同节水管理主要存在以下几方面的问题:

(1)节水效果不确定因素多,节水服务企业承担风险较大。节水服务企业作为合同节水管理的投资者和实施者,节水效果是企业盈利的保证。而项目要达到理想节水效果有很多不确定因素,节水服务企业不仅承担着技术风险,还承担着资金风险、信用风险等,如用水户经营不善、效益不佳时,节水服务企业的效益回报很难实现。如何有效避免这些风险,是节水服务企业中面临的主要问题,这就需要配套法律和政策的必要支持。

(2)全面客观的改造效果评价指标体系不完善,利益分配可能会发生分歧。节水效益分享是合同节水管理最主要的商务模式,节水量评估是效益分享的基础和关键。因此,合同节水管理开展离不开准确可靠的节水量评估数据。现在节水量评价指标体系不完善,节水效益分配就可能受到双方对节水量认定不一致的影响。例如一些高校，特别是老旧校区用水面广，水资源消耗分散，节水投入大，回收期长，水耗水平不稳定，测定节水水平困难，即使高校拥有很好的信誉，在利益分配中也不可避免会出现一些分歧。

（3）地方财政支出制度不匹配，用水户支付渠道不通畅。地方财政支出制度与政府作为客户参与合同节水管理的不匹配，也在一定程度上制约了合同节水管理模式的推广运用。在现行的预算和财务管理制度下，若公共机构作为客户，因为公共机构的支出是实报实销或者经过预算安排的，可能造成节水服务企业不能与公共机构分享节水效益，使节水服务企业在回收资金时遇到较大困难，挫伤节水服务企业的积极性。

（4）社会对合同节水管理的认知不够，推广难度较大。虽然合同节水管理在河北工程大学等试点节水改造项目上收到了立竿见影的效果，但是合同节水管理作为一个新兴产业，全社会对合同节水管理实质内容并不了解，再加上有些单位的水资源管理以"稳定用水计划指标"为前提，对实施合同节水管理后是否会被调减用水计划指标、是否会缺失水资源管理主动权等不确定，导致用水户不敢贸然实施合同节水管理。

（5）节水服务产业链尚未形成，节水服务体系有待进一步完善。节水改造是系统工程，从水平衡测试、项目设计、技术集成、项目实施到效益评估，需要配套的专业化服务。由于市场上掌握节水技术的企业一般都规模较小、技术分散，其对用水户开展的节水改造往往也只局限于其自身技术能够解决的部分，与节水市场的需求不相匹配。

节水服务企业与政府、用水户之间缺乏有效信息沟通，与银行等金融机构之间缺少融资渠道，因此需要培育一批以高耗水工业、公共机构、水环境治理、高效农业为主的合同节水管理实施主体，以及相关第三方评估机构，构建集信息发布、技术集成、节水服务、用水监测、监督管理等于一体的网络信息平台和节水服务企业与用户、金融机构的融资合作平台，多方面推动节水服务产业发展。

第四节　合同节水管理发展前景

人多水少，水资源时空分布不均且与生产力布局不相匹配，是我国的基本水情、国情。因此，节水在我国经济社会的各个历史阶段和不同的发展时期，始终是党和政府倡导的一项工作。中央也一直十分重视节水工作。从"十五"初期提出节水型社会建设开始，党和政府大力推进，社会各界积极行动，全国节水型社会建设工作实现了从实践探索到取得基本经验、从试点建设到水利中心工作、从行业推动到全社会共同建设的三个跨越。

习近平总书记提出"节水优先、空间均衡、系统治理、两手发力"的新时期治水思路后，节水行业必将重视市场机制在节水工作中的作用，合同节水管理模式是"两手发力"的有效实践，这一市场机制也必将成为节水工作的重要手段。据国家发展和改革委员会委托水利部综合事业局完成的《合同节水管理推行机制研究报告》数据，在未来 5～10 年，合同节水管理产业的产值高达 1000 亿元，市场规模巨大，前景广阔。

水价综合改革和水价上涨是社会经济发展的趋势，特别是高耗水行业水价仍有较大上涨空间，因此用水户进行节水改造的内在动力不断增加，合同节水管理的需求也必将增加。特别是近来钢铁、火电等高耗水行业受大的经济环境影响，竞争加剧，减少成本、提高效率是这些企业必须考虑的问题。合同节水管理节约了用水，为用水户节省了资金，带动了经济，增加了就业，对拉内需保增长的经济发展战略起到了积极的正面作用。在全社会推行合同节水管理，也是利用市场机制推动节水型社会建设的有效手段。

第二章 我国合同节水管理的相关政策和标准

第一节 我国合同节水管理政策

"合同节水管理"概念提出后，水利部组织在全国范围内开展了合同节水试点工作，河北工程大学合同节水管理项目等试点取得了成功并受到社会各界的认可，"合同节水管理"也上升为国家战略。

一、 中央规定政策

2015年10月，党的十八届五中全会通过的《中共中央关于制定国民经济和社会发展第十三个五年规划的建议》中，首次正式提出"推行合同节水管理"。

2015年底，国务院机关事务管理局《关于推进公共机构节约能源资源促进生态文明建设的实施意见》（国管节能〔2015〕579号）提出：大力推广应用节水技术，全面普及节水器具，积极实施用水器具、设施设备和老旧管网节水改造，推行合同节水管理。

2016年8月，国家发展改革委、水利部和国家税务总局3部门联合印发的《关于推行合同节水管理促进节水服务产业发展的意见》，明确推行合同节水管理的各项基本政策，使合同节水管理实现了从顶层设计到落地操作的转变。《关于推行合同节水管理促进节水服务产业发展的意见》明确，各地、各有关部门要利用现有资金渠道和政策手段，对实施合同节水管理的项目予以支持。鼓励有条件的地方，通过加强政策引导，推动高耗水工业、服务业和城镇用水开展节水治污技术改造，培育节水服务产业，对合同节水管理的税收和金融给予政策支持。

2016年10月，国家发展改革委等九部委印发了《全民节水行动计划》，在"节水产业培育行动"中把"推行合同节水管理"作为第一项内容，明确要求"以节水效益分享、节水效果保证、用水费用托管为模式，在公共机构、高耗水工业、高耗水服务业、高效节水灌溉等领域，率先推行合同节水管理，鼓励专业化服务公司通过募集资本、集成技术，为用水单位提供节水改造和管理，形成基于市场机制的节水服务模式。鼓励节水服务企业整合市场资源要素，加强商业模式创新，培育具有竞争力的大型现代节水服务企业。探索工业水循环利用设施、集中建筑中水设施委托运营服务机制"。

2016年11月，水利部和国家发展改革委联合发布的《"十三五"水资源消耗总量和强度双控行动方案》，再次规定各级地方政府要积极探索合同节水管理等新模式。《"十三五"水资源消耗总量和强度双控行动方案》为合同节水管理提出了具体目标，指出，培育一批专业化节水服务企业，加大节水技术集成推广，推动开展合同节水示范应用，通过第三方服务模式重点推进农业高效节水灌溉和公共机构、高耗水行业等领域的节水技术改造。

2017 年 1 月 17 日，国家发展改革委、水利部、住房城乡建设部联合发布《节水型社会建设"十三五"规划》，《节水型社会建设"十三五"规划》提出，推进合同节水管理。建立健全激励机制，通过完善相关财税政策、鼓励金融机构提供优先信贷服务等方式，引导社会资本参与投资节水服务产业。落实推行合同节水管理，促进节水服务产业发展，发布操作指南和合同范本。在重点领域和水资源紧缺地区，建设合同节水管理示范试点。

2017 年 4 月 6 日，国家机关事务管理局、国家发展改革委、财政部三部委《关于2017—2018 年节约型公共机构示范单位创建和能效领跑者遴选有关工作的通知》（国管节能〔2017〕112 号）提出，加大政策和资金支持力度，对符合节能减排和可再生能源发展政策支持的项目，按现行政策渠道给予支持。鼓励创建单位采用合同能源管理、合同节水管理等市场化方式开展节能节水改造。

2017 年 10 月，习近平总书记在十九大工作报告中再次强调了要"实施国家节水行动"。

2019 年 4 月，国家发展改革委、水利部发布《国家节水行动方案》，再次强调要推动合同节水管理。创新节水服务模式，建立节水装备及产品的质量评级和市场准入制度，完善工业水循环利用设施、集中建筑中水设施委托运营服务机制，在公共机构、公共建筑、高耗水工业、高耗水服务业、农业灌溉、供水管网漏损控制等领域，引导和推动合同节水管理。

2019 年 8 月，水利部、教育部、国家机关事务管理局《关于深入推进高校节约用水工作的通知》印发，要求教育系统"推广市场化模式。各高校要积极探索应用合同节水管理模式，拓宽资金渠道，调动社会资本和专业技术力量，集成先进节水技术和管理模式参与高校节水工作"。

二、 地方规定

中央出台合同节水相关政策后，北京、甘肃等一些地方也将合同节水管理纳入本地有关"十三五"规划等政策体系，并积极创造条件开展探索实践。部分省区还结合自身情况，制定了本省区推行合同节水的实施意见。

2016 年 9 月 12 日，四川省发展和改革委员会、四川省水利厅、四川省国家税务局、四川省地方税务局《关于大力推行合同节水管理促进我省节水服务产业发展的实施意见》（川发改环资〔2016〕455 号），提出到 2020 年各市（州）实施两个以上合同节水管理项目。

2016 年 11 月 11 日，河南省发展和改革委员会、河南省水利厅、河南省国家税务局、河南省地方税务局关于转发《国家发展和改革委员会 水利部 国家税务总局关于推行合同节水管理促进节水服务产业发展的意见》的通知（豫发改环资〔2016〕1424 号），结合本省实施提出了落实意见，要求提高对合同节水管理的认知度和认同感，在全社会营造良好的节水氛围。

2016 年 12 月 2 日，黑龙江省水利厅关于印发《黑龙江省水利厅推行合同节水管理的实施意见》的通知（黑水发〔2016〕551 号），还相继召开了多次合同节水工作会议，在全省各行业推广合同节水管理。

2017 年，江苏省水利厅、江苏省发展改革委、江苏省国税局、江苏省地税局 4 部门联合下发了《关于推行合同节水管理促进我省节水服务产业发展的实施意见》（苏水资〔2017〕43 号）。无锡、苏州等市也随即出台了相应的实施意见；南京市组织召开合同节水管理试点座谈会，并采取竞争性评选方式开展了首批合同节水管理试点项目。

2019 年 7 月 1 日，江西省水利厅、江西省教育厅、江西省机关事务管理局联合印发《关于推行高校合同节水管理试点的实施意见》（赣水发〔2019〕2 号），专门针对高校合同节水管理工作提出了更明确的要求。

第二节　节水服务企业实施合同节水管理项目的财税支持政策

一、　实施合同节水管理项目的财政支持政策

"十二五"时期，在党中央、国务院的正确领导和全社会的共同努力下，水利改革发展取得重大成就，水利基础设施建设全面加快，民生水利建设取得显著成效，水利改革全面推进，依法治水管水得到加强，水利投资再创新高。据统计，全国水利建设总投资达到 2 万亿元，年均投资 4000 亿元。按照水资源管理年报统计，2014 年我国水利建设投资达到 4881 亿元，全国节水技改工程总投资 518 亿元，占全国水利投资总额的 10.6%。

目前扶持节水工作的中央财政扶持政策约为 15 项，主要包括以下形式：财政资金拨付、专项补贴和奖励、政策性贷款和贷款贴息、减免事业性收费、预算安排优先支持、留存相关财政收入进行专项支持、科研经费支持等。15 项中央财政扶持政策采用多种方式对节水工作进行支持，其中提及财政资金拨付方式 10 次，专项补贴和奖励方式 3 次，政策性贷款和贷款贴息方式 3 次，减免事业性收费方式 1 次，预算安排优先支持方式 1 次，留存相关财政收入进行专项支持方式 3 次，科研经费支持方式 2 次。

目前我国现行的支持节水的中央政策主要应用于农业节水领域，适用对象主要是节水项目建设和节水技术推广；地方政策主要应用于配套中央政策对农业节水领域的扶持、对城镇居民节水器具和企业节水技改造项目的扶持。由于节水服务企业在全国普遍处于初创阶段，因此各地还没有出台相关财政扶持政策。

财政部印发的《中央财政促进服务业发展专项资金管理办法》中明确指出，专项资金以补助、以奖代补和贴息等方式安排到具体项目。采取补助方式的，除必须由财政负担的公益性项目外，对单个项目补助额不超过项目总投资的 30%；采取以奖代补方式的，按照先建设实施后安排补助的办法，用于对已竣工验收项目予以补助，对单个项目补助额不超过项目总投资的 30%；采取贴息方式的，对上年实际发生的银行贷款利息予以补贴，贴息率不得超过同期中国人民银行发布的一年期贷款基准利率，贴息额不超过同期实际发生的利息额，贴息年限最长不超过 3 年。

该办法适用于节能减排、环境保护等服务业项目。参照此办法，按照"统筹安排、重点保障、注重实效、专款专用"的原则，综合考虑合同节水管理项目改造工程性质、节水

目标、投资成本、节水效果以及水资源综合利用水平等因素，合同节水管理专项资金的奖补方式主要采取直接补贴、贷款贴息、项目奖励等形式。

对实施的农业、水环境修复类合同节水管理项目投资，因回收期长、社会效益明显宜采用投资补助方式，一般政府给予的投资补助比例按照扣除财政负担的公益性项目外，对单个项目补助额不超过项目总投资的 30%。对实施的城镇生活领域节水项目采取项目奖励方式，按照先建设实施后安排补助的办法，用于对已竣工验收项目予以补助，对单个项目补助额不超过项目总投资的 30%。对工业节水改造项目，因投资大宜采用贷款贴息方式，贴息率不得超过同期中国人民银行发布的一年期贷款基准利率，贴息额不超过同期实际发生的利息额，贴息年限最长不超过 3 年。对节水器具补贴项目，综合考虑财政能力、节水器具的价格、企业积极性和用户意愿等因素，补贴由专项资金承担，补贴标准为产品销售价格的 10%～20%。

虽然国家对环境资源类项目有一定的财政扶持，但是合同节水管理项目在实际操作中还是难以得到现有专项资金扶持。中央财政节能减排专项资金虽然涉及节水领域，但其关注领域和资助方向不同，合同节水管理项目难以纳入其中，享受不到相应的资金扶持。并且节能减排专项资金设立的门槛较高，现有的节水服务企业基本上达不到申请专项资金条件要求。此外，节水服务企业融资难、盈利模式单一，上述因素严重制约了节水服务行业的发展。因此，有必要将合同节水管理项目纳入中央预算内投资和中央财政节能减排专项资金支持范围，对节水服务企业采用合同节水管理方式实施的节水改造项目，符合相关规定的，给予资金补助、财政贴息或奖励。有条件的一些地方也可以安排一定资金，用于支持和引导节水服务产业发展。

二、　实施合同节水管理项目的税收扶持政策

1. 我国产业扶持税收政策概述

我国大规模制定和实施税收扶持政策始于 20 世纪 70 年代末、80 年代初。此后，税收扶持政策随着改革进程的推动和经济社会发展的要求而不断发展变化，成为政府进行宏观调控，参与经济活动的主要方式之一。我国现行的税收扶持政策大部分发布于 2000 年以后。从优惠方式来看，现行税收优惠仍以减税、免税等直接优惠方式为主，也有很少部分政策适用了税前扣除、加速折旧等间接优惠方式。从税种来看，现行的税收扶持政策涉及全部税种。具体到产业扶持政策，涉及的税种主要是企业所得税、营业税、增值税和进出口税等税种。

自实施以来，我国的税收扶持政策取得了广泛的积极成效，在助推经济增长、吸引外商投资、鼓励高新技术产业发展、协调区域不平衡等方面发挥了重要的影响。但是也应认识到，税收扶持政策对经济运行和市场秩序也产生负面影响。一方面，税收优惠政策破坏了公平性和统一性原则，对非优惠对象构成了歧视；另一方面，税收优惠政策扭曲了市场规律，吸引经济资源向优惠方向而非最有效的方向流动。

税收扶持政策对经济活动产生的是综合性影响，制定和实施税收扶持政策时需要谨慎选择，精确设计，权衡政策的正向作用和负面影响。只有恰当选择有效的政策边界，准确控制政策实施的时间和空间范围，才能将税收扶持政策的正向效用发挥到最大。这也是支

持合同节水管理的税收扶持政策的设计原则。

2. 环境保护与资源节约综合利用产业的税收扶持政策总结

不同行业的特点和财税政策需求不同，国家出台的相应税收扶持政策内容也有很大差异，只有相似行业的政策才有借鉴意义。从行业特点和服务对象来看，合同节水管理属于环境保护和资源节约综合利用产业。下面对这一产业大类所享受的税收扶持政策进行总结，以期为合同节水服务行业的税收政策设计提供参考和借鉴。

环境保护与资源节约综合利用产业的特点是：投资总额大，投资回报周期长，投资风险高，产品具有公共物品或准公共物品属性。这类产品的生产具有显著的外部性，因此难以完全通过市场机制产生最有效的资源配置结果。这就要求政府部门承担起提供此类产品的责任，或者对私人生产者给予补贴。税收扶持政策正是政府解决这一市场失灵现象的有力手段，其政策目标是缓解环境保护与资源节约综合利用产业的投资不足，引导社会资本投入相关行业。

目前我国针对环境保护与资源节约综合利用产业的税收扶持政策集中在企业所得税、营业税和增值税三大税种上，也涉及关税、城镇土地使用税、房产税和车船税等其他税种，其中企业所得税是主要的优惠载体。在这一行业大类内部，优惠对象主要集中在资源综合利用和节能减排两个方面。

我国已在"十二五"期间完成营业税改增值税的税收改革。在这一大方向下，营业税优惠未来必将退出税收优惠政策体系。因此。虽然目前在环境保护和资源节约综合利用产业中，尚有对污水处理费、垃圾处理费等项目免征营业税的规定，但本书不再赘述这一税种的优惠政策。

（1）企业所得税优惠政策。

这一税种的优惠政策包括 6 种类型，其中环境保护与资源节约综合利用企业能够享受的优惠包括"三免三减半"、收入减计和应纳税所得额抵扣 3 种类型。

"三免三减半"优惠由《中华人民共和国企业所得税法实施条例》第八十八条规定，指"自项目取得第一笔生产经营收入所属纳税年度起，第一年至第三年免征企业所得税，第四年至第六年减半征收企业所得税"。这一优惠的适用范围在《中华人民共和国企业所得税法》第二十七条第（三）项中进行了限定，环境保护与资源节约综合利用行业内的各行业都在此优惠范围之内。

收入减计优惠由《中华人民共和国企业所得税法》第三十三条规定提出，具体的实施方式和适用范围由财政部发布的各项文件具体规定。优惠范围主要包括资源综合利用行业和节能减排行业。如《关于中国清洁发展机制基金及清洁发展机制项目实施企业有关企业所得税政策问题的通知》（财税〔2009〕30 号）中对温室气体减排量转让收入的减计规定。

应纳税所得额抵扣优惠由《中华人民共和国企业所得税法》第三十四条提出，《中华人民共和国企业所得税法实施条例》第一百条明确了具体规定，"企业购置并实际使用环境保护、节能节水、安全生产等专用设备的，该专用设备的投资额的 10% 可以从企业当年的应纳税额中抵免；当年不足抵免的，可以在以后 5 个纳税年度结转抵免"。此外，财政部还出台了一些政策，针对特定行业的部分设备进行了此项优惠扶持。

（2）增值税优惠政策。

增值税优惠政策主要有两类：一类是直接免征；另一类是即征即退和先征后退。这两类均适用于环境保护与资源节约综合利用产业。

环境保护和资源节约综合利用产业的产品不在《中华人民共和国增值税暂行条例》列明的免税范围中，其增值税减免主要依据国务院的相关政策，具体的优惠措施并不稳定，随着政策变化而变化。例如对污水处理、垃圾处理、再生水生产等行业的免征优惠随着2015年6月财政部发布《关于印发〈资源综合利用产品和劳务增值税优惠目录〉的通知》（财税〔2015〕78号）而被取消。

环境保护与资源节约综合利用产业所适用的增值税即征即退和先征后退政策在《中华人民共和国增值税暂行条例》中同样没有明确规定，主要是依据各政策文件执行优惠政策。目前享受这一优惠的行业主要是资源综合利用业。《关于印发〈资源综合利用产品和劳务增值税优惠目录〉的通知》中针对不同的资源综合利用产品规定了30%～100%的增值税即征即退优惠。

（3）其他主要税种优惠政策。

一是免征房产税和城镇土地使用税的优惠政策，主要用于公益类或半公益类的环境保护和资源综合利用项目，例如供热企业所使用的厂房及土地免征房产税、城镇土地使用税。

二是关税和进口环节增值税，主要针对国家鼓励发展的环境保护与资源节约综合利用产业企业的进口设备。政策规定，此类设备的关键零部件及原材料免征关税和进口环节增值税。

三是车船税，主要针对新能源车船。财政部发布的《关于节约能源使用新能源车船车船税优惠政策的通知》（财税〔2015〕51号）中规定，对节约能源的车船，减半征收车船税；对使用新能源的车船，免征车船税。

第三节　合同节水管理标准

合同节水管理尚处于起步阶段，已发布的标准规范较少，尚未形成完整的标准体系。

到目前为止，水利部水资源管理中心牵头编写了《合同节水管理技术通则》（GB/T 34149—2017）、《项目节水量计算导则》（GB/T 34148—2017）、《项目节水评估技术导则》（GB/T 34147—2017）3个国家标准，2016年11月通过全国节水标准化技术委员会专家评审组的审查，2017年9月发布。这3项国家标准是合同节水管理标准体系的重要组成部分，是为了解决合同节水管理推行过程中的核心问题而专门设计制定的。其中《合同节水管理技术通则》明确了什么是合同节水管理和合同节水管理项目，规定凡是能提供用水诊断以及节水项目设计、投资、建设、运行管理等服务的专业化机构均可参照本标准按照市场化运作模式对用水单位实施节水项目改造（水生态、水环境治理），同时提出节水服务企业实施合同节水管理项目的技术要求和参考合同文本。该标准是国家为鼓励企业运用合同节水管理机制，加大节水技术改造工作力度而实行扶持政策的前置技术条件。《项目节水量计算导则》中对合同节水管理项目节水量的计算方法进行了阐述和规定；合同节水管理项目在节水量确定方面最容易出现纠纷和矛盾。《项目节水评估技术导则》规定了合同节水管理项目节水量如何评估、由谁评估等相关情况，解决了项目相关方因节水量确定出现纠纷时如何处理的问题。

2017年，中国水利学会发布了《公共机构合同节水管理项目实施导则》（T/CHES 20—2018）；2019年，中国水利学会、中国教育后勤协会联合发布了《高校合同节水项目实施导则》（T/CHES 33—2019，T/JYHQ 0005—2019）；2020年，中国水利学会立项了《节水型高校建设实施方案编制导则》等团体标准。T/CHES 20—2018由水利部水资源管理中心和北京国泰节水发展股份有限公司起草，中国水利学会发布，对于发挥公共机构在全社会节水中的表率作用，提高公共机构水资源利用效率，促进国家建设节水型社会等方面起到了积极的作用；T/CHES 33—2019、T/JTHQ 0005—2019由水利部综合事业局、北京国泰节水发展股份有限公司、河北工程大学等单位起草，中国水利学会和中国教育后勤协会共同发布。我国高校数量多、人员集中，用水量相对较多，节水潜力较大，节水预期效益显著。同时高校是传播知识、培养理念、立德树人的地方，建设节水型高校，不仅可以提高高校的用水效率，减少污水排放，降低办学成本，还可以培养学生爱水、节水、惜水的意识；同时，高校大学生的节水理念和节水习惯不仅直接影响节水效果，还辐射周边人群，带动家庭，从而引领全社会形成节约用水的生活习惯和良好风尚。合同节水是高校实施节水改造的有效途径之一。T/CHES 33—2019（T/JTHQ 0005—2019）直接用于指导高校和节水服务企业等参与各方实施合同节水管理项目，为加快推进高校合同节水工作提供了技术支撑。

据全国节约用水办公室、水利部综合事业局、水利部水资源管理中心等部门消息，目前公共机构、公共建筑、高耗水行业、水环境治理等相关行业节水量计算方法、合同节水管理项目验收规范等相关标准也正在制定和规划制定过程中。在现有节水标准及节水标准体系下，结合合同节水管理实践探索，逐步构建合同节水管理标准体系，为推行合同节水管理提供技术支撑。

合同节水管理是一种新型节水模式，当前虽然具备了发展的政策氛围，但国家配套制度不健全，项目落地渠道不畅通，同时配套的财税制度、激励机制、监管机制等尚未建立，节水技术体系尚待完善，致使在实操过程中面临重重阻力和困难。要解决激励机制尚未健全、节水内生动力不足、社会资本参与乏力、缺乏技术集成与推广的平台以及长效节水管理机制不健全等问题，还需要长时间的探索实践和研究。

为落实推行合同节水管理工作要求，水利部及有关司局组织开展了《合同节水管理推行机制研究》《合同节水管理试点建设示范研究》《高校合同节水项目实施研究》等专项课题研究。水利部综合事业局原局长郑通汉同志出版了《中国合同节水管理》，水利部综合事业局、水利部水资源管理中心联合编著了《合同节水管理推行机制研究及应用》。但总体来说，合同节水管理相关研究还比较少。

第三章 节水服务企业的资质要求及认证

国家节水服务产业发展的指导原则之一是鼓励支持节水服务企业做大做强。国家发展改革委、水利部、国家税务总局《关于推行合同节水管理促进节水服务产业发展的意见》中提出，完善节水服务企业信用体系，强化社会监督与行业自律，促进节水服务产业健康有序发展；培育一批具有专业技术、融资能力强的节水服务企业。《国家节水行动方案》中也强调，要激活节水产业市场，深化供给侧改革；加强节水企业诚信体系建设，培育一批技术水平高、带动能力强的节水服务企业。

本章就节水服务企业的资质要求和相关认证作扼要介绍。

第一节 节水服务企业的资质要求

一、 节水服务企业的定义

《合同节水管理技术通则》对节水服务企业的定义是：供用水诊断、节水项目设计、投资、建设、运行管理等服务的专业机构。

二、 节水服务企业应具备哪些资质

1. 具有独立法人资格

根据国家有关法律法规和文件规定，节水服务企业必须是经过工商注册，有固定的办公场所，具有独立法人资格的企业。

2. 具有合同节水管理项目的实施能力

节水服务企业是以供用水诊断、设计、改造、运营等节水服务为主营业务的企业，其开展合同节水管理项目不仅仅是进行项目施工或节水器具销售，还要能够提供供用水诊断和节水设计、项目融资、运行管理等全过程的专业化服务，并保证/达到项目的节水效果。项目产生节水效益后，与用水单位一同分享，以此取得投资回报及合理利润，达到多方共赢。因此，节水服务企业必须具备以下能力：

（1）供用水诊断评估能力。能够针对客户的具体情况，对用水单位消耗水量的情况、现有用水设备和措施进行调查评估。测定用水单位当前用水量，并对各种可供选择的节水措施进行节水量预测，对用水单位的节水潜力进行分析。

（2）节水方案设计能力。能够根据用水单位用水现状调查和项目供用水诊断评估的结果，向客户提出如何利用成熟的节水技术和节水产品以及整体解决方案，制订提高用水效率、降低用水成本的方案和建议，为客户进行具体的节水方案设计。

（3）节水项目融资能力。能够为客户的合同节水管理项目进行先期投资或提供融资服

务。用于合同节水管理项目的资金可以是节水服务企业的自有资金、银行贷款或者其他融资渠道。合同节水改造工程的投入和风险主要由节水服务企业承担。

（4）节水项目实施能力（施工、设备安装、调试等）。能够在项目合同约定期限全过程提供优质服务，包括项目施工、设备安装、节水系统调试等服务。安装和调试相关设备、设施应符合国家、行业有关施工管理法律法规和相应技术标准规范的要求。

（5）运行管理服务能力。能够在合同有效期内提供运行管理等服务，包括对用水单位人员的培训、合同节水改造项目的相关维修或设备更换以及合同约定的其他事项。

3. 注册资金要求

目前未有政府相关部门的文件对节水服务企业的注册资本金有明确要求。这也与中央转变政府职能，坚持"放、管、服"，放宽市场准入的要求相符。但考虑到合同节水管理项目需要节水服务企业先行投资进行节水改造，应具有一定的投资能力和违约赔付能力，因此各用水单位在招标时可在投标人资格设置时将注册资本金作为一项条件。

4. 技术与管理人员要求

因节水改造项目需要一定的专业知识和技能，节水服务企业应匹配专职的技术人员和合同节水管理人才，确保合同节水管理项目顺利实施和稳定运行。

第二节　节水服务企业的认证

合同能源管理在推行之初，国家发展改革委和财政部曾开展过节水服务企业备案，主要目的是落实合同能源管理的财政奖励资金扶持政策，保证财政奖励资金铁安全有效使用。目前，政府有关部门并未开展节水服务企业备案工作。

自 2016 年国家发展改革委、水利部、国家税务总局《关于推行合同节水管理促进节水服务产业发展的意见》发布以来，合同节水管理已在各行业进行了试点推广，出现了很多成功案例，得到了节约用水行业管理部门、用水单位和节水服务企业的认可和广泛应用。但是因合同节水管理起步较晚，很多有意愿采用合同节水管理方式开展节约用水工作的用水单位对社会上的节水服务企业了解不多。很多用水单位普通反映没有相关部门的备案或资质设置，在选择合同节水服务企业时也经常遇到一些困难。

一、 节水服务企业的类型

目前进入节水服务领域的企业主要有：

（1）国有独资或控股的水务投资有限责任公司。如中国水务投资有限公司、北京水务投资中心、天津水务投资集团有限公司、河南水务投资有限公司、北京国泰节水发展股份有限公司等。这类节水服务企业资金充足，并且具有水务行业的技术优势和管理经验，其市场竞争力很强，但是对投资规模较小的合同节水管理项目兴趣不高。

（2）水务产业上市公司。如北控水务集团有限公司（证券代号：00371.HK）、大禹节水集团股份有限公司（证券代码：300021.SZ）、中建环能科技股份有限公司（证券300425.SZ）等。这些企业都是在各自细分领域里的佼佼者，技术力量、融资能力、管理水平都很出色，特别是在自己熟悉的领域里具有不可替代的优势。

（3）民营节水产品生产商。如义源（上海）节能环保科技有限公司、厦门（科斯特）节水设备有限公司、开平玛格纳卫浴有限公司等。这些企业具有一定的市场品牌和市场网络，客户基地较好，在拓展合同节水服务时也有一定的特长。

（4）传统合同能源管理服务企业。如深圳市大能节能技术有限公司、深圳万城节能股份有限公司等。这些传统合同能源管理服务企业也逐步开拓了节水服务市场，但是因专业技术人员限制，在运作合同节水管理项目时经常与专业的节水服务企业进行合作。

（5）独立的节水服务企业。如重庆金越水务有限公司、深圳丰泽裕洋节水科技有限公司、深圳科信洁源低碳环保科技有限公司等。这类的节水服务企业专注于中小型节水项目，以合同节水管理模式开拓市场，在当地也建立了良好的口碑。

总体来说，与合同能源管理从业企业相比，合同节水服务企业存在数量上偏少，竞争不够激烈等问题。但是随着市场的培育和发展，远期将产生竞争，从而促进合同节水行业的良性发展。

二、 全国合同节水服务企业推荐

为深入贯彻"节水优先、空间均衡、系统治理、两手发力"的新时期治水思路，落实"水利工程补短板、水利行业强监管"的水利改革发展总基调，根据《关于推行合同节水管理促进节水服务产业发展的意见》（发改环资〔2016〕1629号）文件精神，中国水利企业协会节水分会定期组织推荐信誉好、拥有自主创新技术并取得良好业绩的合同节水服务企业，并向全社会公布。2020年10月，中国水利企业协会节水分会完成了第一批8家合同节水服务企业推荐。下面简要介绍一下合同节水服务企业推荐的程序和申报方法。

1. 申报条件

（1）申报企业需是中国水利企业协会会员。

（2）申报企业应具有独立法人资格，注册成立2年以上，有"合同节水管理"项目实践。

2. 推荐程序

（1）材料报送。符合条件的节水服务企业应在每年推荐的截止日期前，将书面申报资料及电子版寄送至中国水利企业协会节水分会。合同节水服务企业需提供以下有关材料：

1）中国水利企业协会合同节水管理服务企业备案表（见表3-1）。

2）申报材料真实性承诺书。

3）企业营业执照复印件。

4）企业基本情况简介。

5）企业技术人员姓名、职称、年龄、学历、专业等情况，需提供技术人员职称证书复印件及近3个月企业社保缴纳证明。

6）财务状况材料，近两年财务审计报告、银行信用等级证明材料等。

7）节水成果材料，主编或参编标准封面及署名页、专利或软件著作权证书等。

8）已实施的合同节水管理项目材料，包括合同节水管理项目一览表、合同节水管理项目合同、合同节水管理项目用户满意度证明等。

9）获奖证明材料，优质工程奖、科技进步奖、发明奖等。

10）其他合同节水有关证明材料。

表 3－1 中国水利企业协会合同节水管理服务企业备案表

公司名称				公司注册地 （省、市）	
公司地址				公司成立时间	
法人代表		电话		移动电话	
联系人		电话		移动电话	
经营年限		注册资本	万元	总资产	万元
净资产收益率		资产负债率		上年营业额	万元
上年投资额	万元	职工人数		技术人员人数	
主要业务范围及 服务领域					
主要节水 技术及产品			自主研发 的技术产品		
已实施和正在实施的合同节水管理项目简介：					
需要说明的其他情况：					
				法人代表签字： （公章） 年 月 日	

（2）专家复核。中国水利企业协会节水分会组织专家对申报单位的材料进行集中复核，对申报企业的综合素质、财务状况、创新能力、业绩案例和获奖情况进行打分。

（3）公示公布。评选出综合服务能力强的企业在中国水利企业协会和节水分会网站同时向社会公示，接受社会监督。公示期结束后，中国水利企业协会对公示无异议的节水服务企业向全社会公布。

3. 其他要求

申报企业对申报材料的真实性负责，申报材料存在隐瞒真实情况弄虚作假的将取消其推荐资格。

4. 费用说明

中国水利企业协会组织的合同节水服务企业推荐活动不收取任何费用。

三、合同节水管理企业认证

市场上部分认证公司也开展了合同节水服务企业认证业务。

合同节水服务企业认证是从企业的服务能力、服务过程、服务结果 3 个方面进行评估，对于企业的服务质量、团队能力、技术水平等进行标准化评价。

因国家尚未出台专门针对合同节水服务企业认证的政策文件和相关标准，目前合同节水服务企业认证采用的标准为《高技术服务业服务质量评价指南》（GB/T 35966—2018），该标准由国家认证认可监督管理委员会于 2018 年 2 月正式发布，2018 年 9 月 1 日正式实施。

合同节水服务认证有助于帮助公司提升提升企业服务体系建设和服务质量，规范项目服务过程，提升服务效果和客户满意度。

第三节　加强对节水服务企业的管理

合同节水管理是践行"节水优先""两手发力"的市场化模式，节水服务企业的管理也应通过市场进行自律和约束，同时强化社会监督体系和政府主管部门信息公开体系的应用。

一、行业自律组织

目前，合同节水服务企业主要的行业自律组织有中国水利企业协会、中教能源研究院、合同节水产业创新联盟等组织。

中国水利企业协会成立于 1995 年，是经中华人民共和国民政部登记注册的全国性社会团体，业务主管部门为水利部，监督管理单位为民政部。中国水利企业协会是以从事水资源开发、利用、节约、保护和服务水利事业的企事业单位和个人自愿组成的全国性非营利性行业组织。中国水利企业协会下设秘书处和机械分会、脱盐分会、节水分会、流体装备分会、水环境治理分会、智慧水利分会、防火与抢险装备技术分会 7 个分会。为积极贯彻落实党的十八届五中全会通过的《中共中央关于制定国民经济和社会发展第十三个五年规划的建议》中关于"推行合同节水管理"的要求，2015 年 11 月 4 日，中国水利企业协会第七次会议审议批准设立合同节水管理专业委员会，11 月 13 日，中国水利企业协会在京召开会议，合同节水管理专业委员会正式成立。水利部有关司局领导出席会议并讲话，指出我国的节水服务业正处于起步阶段，大量先进适用的节水技术、节水产品高度分散，系统集成困难，推广应用缓慢，产业发展规模不大，一些制约产业发展的重大政策亟待突破，"合同节水管理专业委员会"的成立，凝聚了全社会、全行业力量，集思广益，共同参与推广合同节水管理模式，建立了行业自律机制，不断提高节水服务行业整体水平，共同促进节水服务产业有序发展。2017 年 6 月，中国水利企业协会第六届理事会第一次会议形成决议，合同节水管理专业委员会名称变更为节水专业委员会，并将中国水利企业协会灌排设备企业分会并入节水专业委员会。2019 年 3 月 28 日，中国水利企业协会第六届理事会第三次会议形成决议节水专业委员会变更为节水分会。节水分会作为中国水利企协会的分支机构，是引导、规范各类节水组织信息共享、资源互补、合作发展的平台，也是以先进技术推广为手段的投融资及技术、产品集成服务平台。近一两年以来，中国水利企业协会开展了节水企业信用等级评价、全国合同节水服务企业推荐等活动，对合同节水服务企业培育和节水产业的发展起到了推动作用。

中教能源研究院是由教育部学校规划建设发展中心发起，联合全国知名高校与科研院所以及业内优质企业共同建立，推动绿色校园建设和科技后勤工作的重要支撑机构。研究院全面支撑中心统筹推进能效领跑者建设项目和绿色校园的建设工作，服务于国内各级各类学校校园节能项目规划与建设的全过程，同时通过技术创新和管理创新，引领全国校园能源管理新技术、新模式的发展。为便于学校申报能效领跑者项目，中教能源研究院打造了"教育系统能效领跑者建设项目服务平台"，该平台集成了新闻动态及政策法规，项目在线申报、审批及状态查询，项目公告及示范案例展示，企业库名单及相关服务等功能模块。首先，平台将实时发布教育部规划建设发展中心以及能效领跑者项目相关的最新动态；在政策法规方面，平台总结并梳理了中央各部委、省级行政单位、一二线城市及教规建中心有关能效领跑者与节能减排的政策性文件，为项目的实施提供了丰富的参考资料；在项目管理方面，平台提供了完整的项目申报流程说明，申报单位可根据说明，在本平台填写学校的基本信息、联系人信息以及能耗情况注册用户；完成注册后可在线申报项目需求，包括节能改造类、投资运营类、设备投入类以及其他需求。平台收到项目申报后将进入在线初选并提供完整的项目信息报表，申报单位可通过平台实时查询项目状态，了解项目进展情况，解决了现有申报方式工作量大、效率偏低的问题。同时，入库企业可通过平台在线查询项目公告，获取准确的项目需求信息；并可查询已有项目的示范案例，学习项目的成功经验。

合同节水产业创新联盟是由从事节水及水环境治理技术及装备的创新性企业和涉及投资运营、金融、科技研发等领域的50余家产业链上下游企事业单位发起的非营利性组织，本着"自愿、平等、互利、共赢"的原则，共同推动合同节水管理模式应用，促进节水服务产业发展。该产业联盟整合节水领域产业链资源，积极促进节水产业的技术进步、交流和应用，在促进合同节水管理产业链上下游的沟通与战略合作方面起到了积极作用。

二、用水单位监管

节水服务企业的服务对象是用水单位，服务质量的好坏用水单位有最大的发言权。当用水单位发现节水服务企业提供的节水服务出现重大问题时，除了依照双方的合同约定追究节水服务企业经济责任的同时，还可以将该节水服务企业的不良行为向当地节水管理部门和行业自律组织反馈。各行业自律组织应在核实后纳入各自会员的信用评价体系。

三、社会监督

合同节水服务企业依法接受社会监督。政府主管部门需积极引导企业信息等级评价成果的应用，社会各界也需对节水服务企业进行监督。

第四章 合同节水管理项目的运作

一个成功的合同节水管理项目主要有市场开拓、用水诊断、方案设计、项目实施、项目验收、运行管理、效益分享等几个步骤。

第一节 市 场 开 拓

合同节水管理是市场化的节水模式，应充分发挥市场配置资源的基础性作用，但是考虑到合同节水管理还处于起步阶段，各级节能、节水管理部门应予以一定的政策扶持和市场引导，从而逐步建立市场化的节能服务机制，促进节水服务企业加强科技创新和服务创新，提高服务能力，改善服务质量。

一、 政府引导

各级节能、节水行政主管部门应联合住建、教育等部门组织开展区域性的合同节水管理模式推介会、展示会、座谈会等，让更多的用水单位了解合同节水模式。自2015年以来，黑龙江省、吉林省、内蒙古自治区、宁夏回族自治区、北京市等地水行政主管部门多次牵头组织用水单位与节水服务企业进行合同节水管理项目洽谈，取得了良好的效果。

二、 企业开拓

1. 节水服务企业企业开拓的主要途径

（1）行业会议宣传推广。随时关注节水及水环境行业的最新动态，有选择地参加业界有影响力的会议，推广合同节水管理，宣传企业文化，提高公司知名度。例如：中国水博会、青岛国际水大会、中国节水论坛等。多方收集各地高校后勤主题的会议举办情况，积极参加会议活动，必要时可以提供一些会务赞助，借这些平台宣传推广"高校合同节水管理"模式。负责此项工作的公司市场业务人员要熟悉高校合同节水管理的流程和主要先进技术，善于与人交流。同时有关合同节水服务企业要制定科普性的合同节水宣传材料，以便市场业务人员赠送发放。

（2）协会组织信息共享。有选择地加入行业组织，利用行业组织进行信息共享，例如"中国水利企业协会节水分会""合同节水产业创新联盟"等平台，与节水技术、产品供应商加强信息沟通，掌握各地区对节水改造的需求情况等市场信息。

（3）新媒体渠道推介。公司统一制作可通过微信公众号、头条号和微博公号等渠道传播推送的多媒体宣传材料。方便公司职员特别是市场开发业务人员随时发送给潜在客户。

（4）一对一定点宣推。在广泛开展合同节水管理模式宣传的同时，主动联系机关单位、学校、医院等公共机构以及高耗水企业节能节水管理部门，以节水诊断和水平衡测试等方式上门服务及推广。

2. 初步调查及研判

市场业务人员在积极主动与潜在合作单位接触的基础上，给有兴趣了解合同节水管理模式的用水单位发放《初步调查表》，了解该用水单位的基本情况。回收《初步调查表》后，立即进行分析研究，提出初步意见，对于具有节水潜力的用水单位积极协商下一步合作事宜；对于没有节水潜力的用水单位也应给出合理的节水建议，期待以后有合作的机会。

第二节　用水现状评估与诊断

用水现状评估与诊断是指对用水系统、重点用水设备或工序设置进行测试分析，诊断出用水浪费环节，查找出用水不合理的因素。用水现状评估与诊断，可以为节水技术改造提供可靠的依据。

用水现状评估与诊断工作是实施合同节水管理项目的前提，可由用水单位自行组织实施或委托第三方专业服务机构开展；如采用 EPC 方式开展合同节水管理项目，则可由中标的合同节水服务企业组织开展。

一、 用水现状评估与诊断的主要依据

用水现状调查可参考《企业用水统计通则》（GB 26719）、《企业水平衡测试通则》（GB/T 12452—2016）、《公共机构合同节水管理项目实施导则》（T/CHES 20—2018）等相关标准执行。

简单的用水现状评估与诊断可以通过用水单位近三年的用水统计资料进行分析。在统计资料不足或统计数据需要校核时，应进行必要的测试，测试结果应折算为统计期运行状态下的平均水平。

二、 用水现状评估与诊断的主要内容

用水现状评估与诊断的主要内容包括用水现状调查、节水潜力分析和项目可行性评估报告编制等。

1. 用水现状调查的主要内容

（1）高校基本情况及项目边界。

（2）取用水情况：水源结构、用水计划指标、用水人数、建筑面积、实际用水量及用途等。

（3）用水终端设施：种类、数量、型号及使用年限等。

（4）供水管网情况：供水管线布设，管网材料及使用年限，管网漏损情况等。

（5）非常规水源利用情况。

（6）用水计量情况：用水计量设备安装及计量，监控平台建设使用及缴纳水费情

况等。

（7）用水管理情况：包括管理体系、管理制度、宣传教育、设施运行维护及近年来已开展的节水工作情况等。

2. 节水潜力分析的主要内容

（1）节水基准的确定。

（2）参照 T/CHES 20 及地方用水定额进行管理与技术指标评价。

（3）管网漏损量测算与节水潜力分析。

（4）用水终端节水性能分析与节水潜力计算。

（5）水循环利用分析。

（6）非常规水源利用分析。

（7）用水管理现状分析。

（8）节水量计算与水量平衡分析。

3. 项目可行性评估报告编制的主要内容

（1）项目基本情况。

（2）用水现状及存在问题分析。

（3）节水潜力分析与项目实施的必要性。

（4）节水目标与节水改造原则。

（5）节水改造范围与实施内容。

（6）投资估算与合同节水模式。

（7）实施组织与进度安排。

（8）综合效益分析与风险评估。

三、 用水现状评估与诊断报告案例

用水现状评估与诊断报告可参考以下案例。

吉林大学（前卫校区）用水现状
评估与诊断报告

1 项目概况

1.1 项目提出

吉林大学（前卫校区）（以下简称吉林大学）坐落于吉林省长春市，是教育部直属的全国重点综合性大学，学校始建于 1946 年，1960 年被列为国家重点大学，1984 年成为首批建立研究生院的 22 所大学之一，1995 年首批通过国家教委"211 工程"审批，2001 年被列入"985 工程"国家重点建设的大学，2004 年被批准为中央直接管理的学校，2017 年入选国家一流大学建设高校。本着勤俭节约办教育的原则，吉林大学大力推动节约型校园建设，并在节约用水、节约用电等各个环节不断创新管理模式。

鉴于吉林大学对节水、节电型校园建设的需求，受吉林大学委托，北京国泰节水发展股份有限公司通过实地调研，组织编写《吉林大学（前卫校区）用水现状评估与诊断报告》。

1.2 项目背景

党的十八大以来，中央多次提出要把节约资源作为保护生态环境的根本之策。2014年3月，习近平总书记提出了"节水优先，空间均衡，系统治理，两手发力"的新时期治水思路，指出解决中国水问题必须优先节水，同时发挥政府和市场的作用，使市场机制在优化配置水资源中释放出更大活力。2016年7月，国家机关事务管理局、国家发展改革委印发《公共机构节约能源资源"十三五"规划》，确定了全国公共机构人均用水量下降15％的工作目标。2016年10月，国家发展改革委、教育部等九部门印发的《全民节水行动计划》，提出"积极开展公共机构节水改造，加强公共机构节水管理，完善用水计量器具配备，推进用水分户分项计量，在高等院校、公立医院推广用水计量收费。推广应用节水新技术、新工艺和新产品，鼓励采用合同节水管理模式实施节水改造，提高节水器具使用率，强制或优先采购列入政府采购清单的节水产品"。2017年10月，习近平总书记在十九大工作报告中再次强调了要"实施国家节水行动"。2019年4月15日，国家发展改革委、水利部联合印发《国家节水行动方案》，方案提出要全面推进节水型城市建设，开展供水管网、绿化浇灌系统等节水诊断，大幅降低供水管网漏损，深入开展公共领域节水，到2022年建成一批具有典型示范意义的节水型高校。2019年8月16日，为深入贯彻习近平总书记提出的"节水优先"方针，落实《国家节水行动方案》，水利部、教育部、国家机关事务管理局联合发布《关于深入推进高校节约用水工作的通知》，提出教育引导广大学生树立节水意识，养成良好行为习惯和生活方式，加快推进用水方式由粗放向节约集约转变，提高高校用水效率。这些节水政策都为我们开展高等院校节水工作指明了方向。

1.3 用水概况

吉林大学前卫南校区占地约1350亩，校区总建筑面积64.8万 m^3；在校学生人数约73113人，教职工约17705人。近3年年用水量约为397.49万t，近3年年度水费1859.1万元，学生均用水量172.86L/(学生·d)，远远高于吉林省高等教育70～100L/(学生·d)的定额标准，具有节水潜力。学校用水分类为宿舍区用水、教学区用水、绿化用水、游泳池用水、景观湖用水、洗浴用水、实验室用水、附属医院用水及食堂等商铺的商业用水等。现行水费单价为4.43元/t。

1.4 规范性引用文件

下列文件对于本报告编写是必不可少的。凡是注日期的引用文件，仅所注日期的版本适用于本报告。凡是不注日期的引用文件，其最新版本（包括所有的修改单）适用于本报告。

GB 26719　企业用水统计通则

GB/T 31436　节水型卫生洁具

GB/T 34147　项目节水评估技术导则

GB/T 34148　项目节水量计算导则

GB/T 34149　合同节水管理技术通则

GB 50336　建筑中水设计标准

GB/T 50363　节水灌溉工程技术标准

GB 50555　民用建筑节水设计标准

GB 51356　绿色校园评价标准

CJJ 92　城镇供水管网漏损控制及评定标准

CJJ 159　城镇供水管网漏水探测技术规程

CJ/T 164　节水型生活用水器具

SL/Z 349　水资源实时监控系统建设技术导则

T/CHES 20　公共机构合同节水管理项目实施导则

T/CHES 32　节水型高校评价标准

2　用水现状调研主要内容

2.1　学校基本情况及项目边界

　　吉林大学其前身是教育部直属的全国重点综合性大学，原名东北行政学院，创建于1946年，1950年改名为东北人民大学。1958年学校改名为吉林大学。2000年，原吉林大学、吉林工业大学、白求恩医科大学、长春科技大学、长春邮电学院合并组建新吉林大学。2004年，原中国人民解放军军需大学转隶并入。吉林大学前卫南校区是吉林大学六大校区之一，是吉林大学的主校区，位于吉林省长春市前进大街2699号，历史悠久，文化气息浓厚。前卫南校区是吉林大学的行政中心，学校领导均在前卫南校区统筹与处理整个吉林大学的事情。部分重大、重要的活动均在前卫南校区举行。校区平面图详见图2-1。

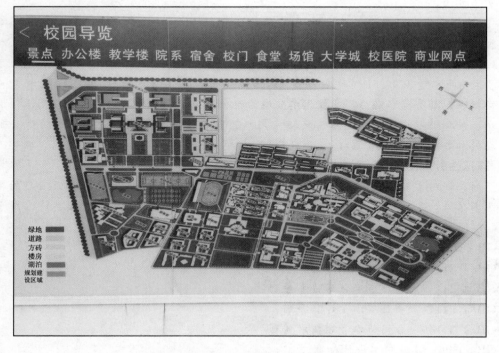

图 2-1　吉林大学前卫南校区平面图

目前，吉林大学在校总人数（包括留学生）约 9.1 万人。其中，在校学生人数约 73000 人，教职工 18000 多人。前卫南校区总建筑面积约 64.8 万 m³，校园内现代化建筑林立，主要建筑物有行政楼、无机合成-超分子实验楼、理化综合楼、麦克德尔米德实验室、数学楼、东荣大厦、新图书馆、逸夫教学楼、逸夫图书馆、萃文楼、外语楼、体育馆、商贸楼、文科实验楼和友谊会馆等。

2.2　取用水情况

根据现场调研，目前吉林大学前卫南校区附近无市政中水且无自备井等其他水源，水源全为市政自来水供水。校区内有三个主要泵房供水，附近市政水压 0.2～0.25MPa，采用"市政自来水供水→校区加压泵站→供水管网→部分楼宇再次加压→用户"的供水方式。校区每年的用水计划指标为 400 万 t，2016 年超过用水计划，但近 3 年平均用水量接近 400 万 t。吉林大学前卫南校区近 3 年用水量详见表 2-1。

表 2-1　　　　　　　吉林大学前卫南校区近 3 年用水量统计表

年　　份	2016 年	2017 年	2018 年	平　　均
年总用水量/t	4119609	3850608	3954518	3974911

学校用水分类为宿舍区用水、教学区用水、绿化用水、景观湖用水、洗浴用水、游泳池用水、实验室用水、校区附属医院用水及食堂等商铺的商业用水等。年用水量约为 397.49 万 t，年度水费 1859.1 万元，生均用水量 172.86L/（学生·d），高于吉林省高等教育 70～100 L/（学生·d）的定额标准（见表 2-2），具有节水潜力。现在水费单价为 4.43 元/t。

表 2-2　　　　　　　吉林省高校用水定额［摘自《吉林省
用水定额》（DB 22/T 389—2014）］

行业代码	行业名称	类　别	定额单位	定额值	说　　明
P824	高等教育	高等院校	L/（学生·d）	70～100	以在校学生人数为基数，为综合定额值。

根据已知数据，宿舍区占每年用水总量的一大部分，每年用水量约为 265 万 t，宿舍用水量表现为寒暑假期间水量明显降低，其余时间用量差别不大；教学区建筑物近 30 栋，年度用水量约为 68 万 t，主要用水为洗手、冲厕用水，用水时间比较集中为学生上课期间；实验室用水每年约 6 万 t，主要用水为实验室用水及洗手冲厕用水；友谊会馆（留学生公寓）每年用水约 2.3 万 t，全为独立卫生间；泳池用水每年约为 2.4 万 t，满池约 2000t，泳池有水循环设施，每个月进行补水，日常淋浴用水；校园集中浴室有 3 个，吉大浴室、北苑宿舍浴室、体育馆（教职工浴室），每年用水量约为 18t，剩下的为校区其他用水及管网漏损水量。

2.3　用水终端设施

校区用水的主要用水功能区为宿舍区，学生早晚洗漱、日常生活都集中在宿舍，因此用水量较大。用水终端设备的好坏与节水效果直接关系到是否能节水，因此宿舍区的用水终端设备相对来说比较重要。

2.3.1 宿舍区用水终端

2.3.1.1 文苑宿舍区

文苑宿舍区包含9栋宿舍楼，宿舍1368间，全部无独立卫生间，均为每层集中洗漱间（包含厕所），具体洁具水量统计见表2－3其中文苑一宿舍（男生宿舍），蹲便器为感应式冲洗阀，感应比较灵敏，但出水压力较小，单次冲洗不干净；小便器为按压式冲洗阀小便器，但年代过久，按压阀锈蚀严重，小便器出水管部分无弯管直接排入地漏，存在异味，出水量较大，部分已损坏；每个洗漱间有1个洗衣机，学生付费使用；水龙头全部为旋转式快开龙头，但是大部分起泡器缺失，容易飞溅（图2－4）；文苑二宿舍（男生宿舍）、文苑三宿舍（女生宿舍）、文苑六宿舍（男生宿舍）、文苑八宿舍（男生宿舍）、文苑九宿舍（男生宿舍），蹲便器为脚踏式冲洗阀，出水压力较大，易飞溅；小便器为按压式冲洗阀小便器，但年代过久，按压阀锈蚀严重，出水量较大，部分已损坏；水龙头全部为旋转式快开龙头，但是大部分起泡器缺失，容易飞溅；每个洗漱间有1个洗衣机，学生付费使用（图2－2）；文苑四宿舍（男生宿舍）、文苑七宿舍（男生宿舍）今年7月才装修完毕，蹲便器为脚踏式冲洗阀，出水压力较大，易飞溅；小便器为按压式冲洗阀小便器，器具为全新的，节水效果明显；水龙头全部为节水龙头；从三层开始每层1个淋浴间，刷卡消费，有4个顶喷，1个面盆龙头；每个洗漱间有1个洗衣机，学生付费使用（图2－3）；文苑五宿舍（混住宿舍），蹲便器为手按式冲洗阀，出水压力较大，易飞溅；小便器为按压式冲洗阀小便器，但年代过久，按压阀锈蚀严重，出水量较大，部分已损坏；水龙头全部为旋转式快开龙头，但是大部分起泡器缺失，容易飞溅；每个洗漱间有1个洗衣机，学生付费使用（图2－5）。

表2－3 文苑宿舍区器具数量

用水器具	快开龙头	小便器	蹲便器	热水龙头
数量/个	564	162	216	114
用水器具	洗衣机	开水器	顶喷	面盆龙头
数量/个	42	2	32	8

（a）按压式小便器　　　（b）老式铸铁快开龙头　　　（c）脚踏式蹲便器

图2－2（一） 文苑二、三、六、八、九宿舍器具情况

（d）旋转式快开龙头　　　　　（e）快开清洁龙头　　　　　（f）按压式小便器

图 2-2（二）　文苑二、三、六、八、九宿舍器具情况

（a）脚踏式蹲便器　　　　　（b）按压式小便器　　　　　（c）节水快开龙头

（d）淋浴间顶喷　　　　　（e）淋浴间面盆龙头　　　　　（f）开水器

图 2-3　文苑四、七宿舍器具情况

（a）感应蹲便器　　　　　（b）按压式小便器　　　　　（c）旋转式快开龙头

图 2-4　文苑一宿舍器具情况

（a）感应蹲便器

（b）按压式小便器

（c）旋转式快开龙头

图 2-5 文苑五宿舍器具情况

2.3.1.2 南苑宿舍区

南苑宿舍区包含 9 栋宿舍楼，其中南苑五宿舍分为 A、B、C 三个独立宿舍区，南苑宿舍共计 4993 间，全部无独立卫生间，为每层有集中洗漱间（包含厕所），具体洁具数量见表 2-4。其中南苑一、三宿舍（男生宿舍），蹲便器为按压式冲洗阀，单次冲洗量较大，一层就存在水压不稳定的情况，忽大忽小；小便器为按压式冲洗阀小便器，但是年代过久，按压阀锈蚀严重，小便器出水管部分无弯管直接排入地漏，存在异味，出水量较大，部分已损坏；水龙头全部为老式螺旋铸铁龙头，具体情况见图 2-6；南苑二、四宿舍（女生宿舍），南苑五 A 宿舍（男女混住宿舍），南苑五 B 宿舍（男女混住宿舍），南苑五 C 宿舍（女宿舍），南苑六、七、八、九宿舍（女宿舍），蹲便器为按压式冲洗阀，单次冲洗量较大，一层就存在水压不稳定的情况，忽大忽小；小便器为按压式冲洗阀小便器，但是年代过久，按压阀锈蚀严重，小便器出水管部分无弯管直接排入地漏，部分已损坏（由于宿舍区会来回变，所以女生宿舍也存在小便器），水龙头全部为旋转式快开龙头，但是大部分起泡器缺失，容易飞溅（图 2-7）。

表 2-4　　　　　　　　　　　　南苑宿舍区器具数量

用 水 器 具	快开龙头	小 便 器	蹲 便 器	热水龙头
数量/个	2592	864	1080	216

（a）按压式蹲便器

（b）按压式小便器

（c）老式铸铁快开龙头

图 2-6（一）　南苑一、三宿舍器具情况

（d）热水龙头　　　　　（e）快开清洁龙头　　　　　（f）洗漱池篦子

图 2-6（二）　南苑一、三宿舍器具情况

（a）老式铸铁快开龙头　　　（b）按压式蹲便器　　　（c）按压式小便器

图 2-7　南苑二、四、五 ABC、六、七、八、九宿舍器具情况

2.3.1.3　北苑宿舍区

北苑宿舍区包含 2 栋宿舍楼，北苑宿舍共计 1693 间，全部无独立卫生间，为每层有集中洗漱间（包含厕所），具体洁具数量见表 2-5。北苑一、二宿舍（男生宿舍）基本情况一样，蹲便器为脚踏式冲洗阀，单次冲洗量较大，一层就存在水压不稳定的情况，忽大忽小；小便器为按压式冲洗阀小便器，但是年代过久，按压阀锈蚀严重，小便器出水管部分无弯管直接排入地漏，部分已损坏；水龙头全部为面盆节水快开龙头，大部分起泡器缺失，容易飞溅（图 2-8）。

表 2-5　　　　　　　　　　　北苑宿舍区器具数量

用水器具	面盆快开龙头	小便器	蹲便器	热水器
数量/个	544	340	340	6

（a）按压式蹲便器　　　　（b）按压式小便器　　　　（c）老式铸铁快开龙头

图 2-8　北苑一、二宿舍器具情况

2.3.2 教学区用水终端

学校教学区楼宇较多，根据现场调研情况，将相同用水终端器具的教学区楼宇统一进行说明。

经信教学楼、超硬实验室、萃文楼、计算机楼、第三教学楼、逸夫教学楼、东荣大厦、唐敖庆教学楼的蹲便器为按压式冲洗阀，单次冲洗量较大，一层就存在水压不稳定的情况，忽大忽小；小便器为按压式冲洗阀小便器，但是年代过久，按压阀锈蚀严重，小便器出水管部分无弯管直接排入地漏，存在异味，出水量较大，部分已损坏；水龙头为老式面盆龙头，无起泡器（图2-9）。

（a）按压式蹲便器 （b）按压式小便器 （c）面盆龙头

（d）按压式蹲便器 （e）按压式小便器 （f）面盆龙头

图2-9 经信教学楼、超硬实验室、三教、唐敖庆教学楼等楼器具情况

公共外交学院、数学楼、超分子楼、生命科学楼的蹲便器为脚踏式冲洗阀，冲水水压不稳定，易出现时大时小的情况，影响正常使用；小便器为感应小便器，小便器出水灵敏；面盆龙头为普通快开龙头，无起泡器，水花飞溅（图2-10）。

（a）感应小便器 （b）脚踏式蹲便器 （c）面盆龙头

图2-10（一） 公共外交学院、数学楼、超分子楼等楼器具情况

（d）感应小便器

（e）脚踏式蹲便器

（f）面盆龙头

图 2-10（二）　公共外交学院、数学楼、超分子楼等楼器具情况

匡亚明楼、外语楼、李四光教学楼、李四光实验室的蹲便器为脚踏式蹲便器；小便器为按压式冲洗阀小便器，但是年代过久，按压阀锈蚀严重，部分已无法正常使用；面盆龙头为按压式面盆龙头（图 2-11）。

（a）按压式小便器

（b）脚踏式蹲便器

（c）面盆龙头

（d）按压式小便器

（e）脚踏式蹲便器

（f）面盆龙头

图 2-11　公共外交学院、数学楼、超分子楼等楼器具情况

新图书馆、物理楼、麦克尔德米德楼的蹲便器为感应式和脚踏式两种，感应式蹲便器出水不是特别稳定，水量较小，容易出现冲不干净的情况；小便器为感应式小便器，感应灵敏冲洗效果较好；面盆龙头为感应式，节水效果明显，出水灵敏且带起泡器（图 2-12）。

（a）感应式小便器

（b）脚踏式蹲便器

（c）感应式面盆龙头

（d）感应式小便器

（e）感应式蹲便器

（f）感应式面盆龙头

图2-12 新图书馆、物理楼、麦克尔德米德楼等楼器具情况

2.3.3 公共区用水终端

2.3.3.1 浴室用水终端

校区有3个浴室，吉大浴室、北苑宿舍附近浴室、文苑四、七宿舍有淋浴间及体育馆浴室（仅教职工可用）。吉大浴室和文苑四、七宿舍是刚装修完成投入使用器具都为全新节水型器具（图2-13）。

（a）体育馆浴室

（b）体育馆浴室

（c）北苑宿舍浴室

图2-13（一） 浴室器具情况

（d）吉大浴室　　　　　　　（e）吉大浴室　　　　　　　（f）吉大浴室

图2-13（二）　浴室器具情况

2.3.3.2　音乐厅、体育馆用水终端

音乐厅、体育馆的蹲便器为感应式蹲便器，感应灵敏；小便器为感应式小便器，器具较新，节水效果明显，面盆龙头为感应式节水龙头和节水快开龙头（图2-14）。

（a）体育馆感应小便器　　　（b）体育馆感应蹲便器　　　（c）体育馆感应式龙头

（d）音乐厅感应小便器　　　（e）音乐厅感应蹲便器　　　（f）音乐厅快开节水龙头

图2-14　音乐厅、体育馆器具情况

2.3.4　行政区用水终端

鼎新楼是2016年刚投入使用的，是校区最新的一栋建筑，分为主楼、鼎新图书馆、C区办公区3部分，器具全为新型节水器具。小便器和蹲便器都为感应式，节水效果明显；面盆龙头为触碰式龙头（可调节出水模式）。具体情况见图2-15。

（a）鼎新图书馆感应式小便器

（b）感应式蹲便器

（c）主楼感应式龙头

（d）主楼感应式小便器

图 2-15　鼎新楼器具情况

2.3.5　用水终端调研总结

学校的用水终端存在大量老化甚至损坏的洁具，浪费比较严重，直接增加了学校的运营成本，具体体现如下：

（1）部分公共区域及行政区的建筑，洁具使用的是感应小便冲水阀、感应蹲便冲洗阀及感应面盆龙头（含有起泡器的快开龙头）。洁具很新，维护状态很好，但是由于感应洁具的感应范围太大，经常出现人一经过就误冲水的现象；而且发现大多卫生间大便时无法一次冲洗干净，需要重复冲洗。

（2）吉大的用水器具绝大多数为大便手按阀、小便手按阀、老式快开铸铁龙头及快开拖布龙头，各种出水量较大，现场发现对于器具跑冒滴漏现象，校方有专业运维团队，及时报修处理。有些手按阀延时冲洗阀老化导致关闭时间过长，小便器下水口直接与地漏通过软管连接，异味较重。由于大便冲洗阀为手按式，大多学生采用脚踢的形式，不卫生的情况下还容易造成器具损坏。此外按压式冲洗阀因为楼层关系，会造成水压不稳定，一楼水压较高容易逆溅，六楼水压较小，存在反复冲的情况。对于老式铸铁快开龙头虽然维修及时，但是由于前端无起泡器，出水量过大，学生洗漱和洗衣服时常常出现长流水现象。这些情况导致水资源的浪费。

（3）文苑四、七宿舍于新装修完成投入使用，器具全部为节水产品，节水效果较明显。

（4）大部分公共区域卫浴器具状况良好，但是存在老化现象。文苑四、七宿舍淋浴间以及吉大浴室全为新型节水型顶喷，学生使用效果较好。体育馆教职工浴室和北苑宿舍区

浴室卫浴器具设备状况良好，但是基本上在使用冲洗过程都存在漏水现象，而且存在水压较大，水花溅出的情况。

2.4　供水管网情况

经对校园地下管网进行初步勘察，学校占地面积较大，建校历史悠久，管通线路较长且老旧，为 1990 年建设完成；管网材质多样化特点明显，校区主管道材料为铸铁管；但是由于基础园区鼎新楼为新修建的建筑，主管道材料为 PE 管。宿舍区进楼水管部分为 PVC 管，通过校方了解到部分供水水管老化和地面沉降导致管道有漏水现象，同时有个别阀门老化失修出现渗水现象。校方对供水管网的维修每年的频率为 1～2 次，通过水量的变化及路面积水等情况进行漏损判断，而后进行维修处理。

校区供水管网通过实地调研存在以下问题：由于学校建校时间长及学校不断建设及扩大，学校原有的供水系统设计与现在用水需求不备配，原有的供水管网资料不齐及没有及时更新，没有专业的管道探漏维修技术人员，部分供水管道年久失修出现跑冒滴漏现象。同时学校原有用水监测平台缺少维护，不能对管网用水情况进行监测，因此缺少对供水管网的用水管理，导致跑冒滴漏不能及时被发现及维修。

2.5　非常规水源利用情况

2.5.1　雨水收集

校区目前无雨水收集装置，无地下蓄水池，但是校区内有两个景观湖，可用来当作雨水蓄水池。长春市年降雨量大概为 600mm 并且降雨比较集中在夏季，7—8 月降雨量能占到 500mm 左右。由于雨水处理难度较小，具有很高的回用价值，且符合《民用建筑节水设计标准》(GB 50555—2010)，"雨水收集回用系统宜用于年降雨量大于 400mm 的地区"的要求，因此吉大前卫南校区适合做雨水收集。

2.5.2　校区再生水回用（中水回用）

校区内做过少部分中水回用改造工程，曾在宿舍区部分宿舍楼做过洗漱水的收集利用，用来下层冲厕。通过现场实地调研，中水回用设施已被拆除。因为几年前中水回用设施还不是特别完善，中水过滤不彻底经常导致水箱堵塞，从而引起冒水；由于后端消毒装置消毒不彻底，到夏天会有异味产生。由于这几方面原因，最终拆除了原有中水回用设备。目前校园内无空调冷却水回用设施。

根据现场调研，宿舍中水回用（上层厕所洗漱水冲下层厕所）较难回收，因为宿舍区每层的洗漱水与冲厕水先混合一起，然后统一排到市政污水管线。由于冲厕水的存在，中水处理难度就比较大，成本也会越高。可在宿舍集中区建立小型中水站。

2.6　用水计量情况

校区已建立完整一套物联网＋智慧节水监管平台，覆盖到校区内二级表（各楼表），通过在供水基础管线上配置智能远传水表，实时在线监测用水实时参数，并借助传输网络将数据上传至数据中心，实现各用水单位的用水量在线监测，并按给水管网流向对各建筑和区域用水等进行数据统计，便于给水维护和管理人员使用、分析和决策等，实现工作效率的提升。

目前学校的这套智能远传系统存在着部分远传水表失联，信号连接不到平台，导致一部分还是需要人工去现场抄表。部分水表放置的位置十分不合理，在建筑物外地下管网中间，一旦水表失联传不上数据就对人工抄表产生极大的困扰。

2.7　用水管理情况

校区内目前有一套完整全面的《吉林大学水电管理办法》，相关内容如下。

制定各单位用水用电计划，各单位全部安装水电计量表，逐步实行水电定额指标管理；各单位要有专人负责节能管理工作，落实本校节能规划，接受管理部门的检查和监督，履行节水节电义务，对各种浪费水电的行为有权制止、监督和举报；加强节水节电宣传和教育，普及节水节电知识，增强节能意识，鼓励推广使用节能节水新产品，采用节能节水新技术；鼓励各单位再生水、废水及循环水的利用。学校还建立一个微信报修平台，让学生可以迅速发现问题，及时报修，及时处理。

3　校区节水建议

近 3 年年用水量约为 397.49 万 t，十分接近长春市水行政主管部门下达的 400 万 t/a 的用水计划，近 3 年年度水费 1859.1 万元，学生均用水量 172.86L/(学生·d)，远远高于吉林省高等教育 70～100L/(学生·d) 的定额标准。宿舍区用水占总用水量的一多半，大多数为老旧非节水产品，跑冒滴漏比较严重；管网老化严重，每年存在一至两次的严重管网漏损情况；校区目前无任何雨水利用、中水回用等非常规水源利用；智慧节水监控平台建设时间久，存在部分水表失联的情况；校园整体用水情况与《长春市城市节约用水管理条例》要求尚有一定差距。综上所述，吉林大学前卫南校区具有较大的节水潜力。

同时，高校节水也是长春市节水型社会的现实需要，实施高校节水改造将减少城镇用水量，势必对执行最严格水资源管理制度，满足 3 条红线的控制管理，改变用水观念、优化用水等工作起到积极的推动作用，同时也将大大减少排污量，是长春市供水开源节流并举的重要举措，是建设节水型社会建设的重要手段。早在 2013 年，教育部就下发《关于勤俭节约办教育建设节约型校园的通知》(教发〔2013〕4 号)，要求在教育系统大力弘扬中华民族勤俭节约的优秀传统，提倡"勤俭节约办教育建设节约型校园"，实施吉林大学前卫南校区节水改造是落实教育部勤俭节约办教育的现实需要。吉林大学是"211 工程""985 工程"和"世界一流大学"A 类高校，也是吉林省排名第一的高等学府，吉林大学实施节水改造具有立标杆、树典型的意义，能为吉林省乃至全国其他高校节水起到示范引领作用。

建议立即启动节水改造规划并及早实施节水改造工程。

第三节　节水方案的提出和项目设计

一、　合同节水管理项目的基本原则

要根据国家的产业政策来确定并评价项目选用工艺、技术和设备的先进性、实用性、可靠性和经济性。项目设计方案应提供多方案比选。

节水方案技术要符合国家强制性标准规范要求。

二、　合同节水管理项目的基本内容

在项目招标前用水单位需完成合同节水管理项目的招标技术方案。该节水方案可由用水单位进行编制，也可委托专业机构编制。主要内容应包括：项目综合说明、项目概况、节水目标与建设内容、技术方案、施工组织、运行维护方案、投资估算、商业模式（选择哪种合同节水模式，建议的合同期限等）、效益及风险分析、结论与建议等。

具体可参考北京国泰节水发展股份有限公司编写的企业标准《公共机构合同节水管理项目实施方案编制指南》(Q/B 004—2020)（见附录4）。

三、 合同节水管理项目的模式的选择

合同节水管理虽然已写入"十三五"规划，成为了国家战略，但是因处于刚刚起步阶段，在项目落实时受到了多方面限制，特别是合同节水管理项目商业模式选择方面存在一些困难。

从用水单位的角度来看，部分高校管理人员对吸引社会资本参与校园后勤管理认识不深，对合同节水管理相关政策理解不足。自20世纪90年代，国务院就已经开始倡导高校后勤社会化改革，各高校也在后勤社会化方面取得了巨大的进展。但从实践过程来看，很多高校还是将后勤管理社会化和市场化的工作停留在购买服务的阶段，对引入社会资本为教育后勤服务的实践决心还不够。具体在校园节水建设方面，各高校还是更多选择通过当地节水办或机关事务管理局申请进行节水改造立项或自行投资进行节水改造的建设模式，很少吸引社会资本参与到节约用水工作之中来。同时由于部分高校对财务政策理解不到位，支付节水服务费的路径尚未通畅，部分高校水费采用实报实销的方式，无法从节水效益中为节水服务企业进行支付。上述情况也造成公共机构对合同节水的推广认知度不足，影响了合同节水管理进校园的推广进程。

从合同节水服务企业的角度来看，个别节水服务企业过于重视短期回报，没有提供长效的节水服务。由于合同节水管理项目目前没有设置准入门槛，从事节水服务产业的企业大多为小微企业，投融资能力差、企业生存周期短，这导致了很多节水服务企业主观上不愿意也没有能力进行长期的合同节水管理项目投资，更无力提供长效的节水服务。最终节水服务企业会选择缩短成本占用周期，可以快速回收本金的商业模式。上述情况尤其体现在项目合同签订年限和用水户与节水服务企业分成比例的问题上。

据不完全统计，2019年，现有高校合同节水管理项目中超过60%采用节水效益分享型，约20%采用节水效果保证型，而采用水费托管型的项目不足10%。大部分学校将效益分享作为合同节水的唯一模式。自2015年合同节水管理概念提出以来，国内实施的高校合同节水管理项目大多数都采用节水效益分享型模式，一方面是因为学界和媒体在推行合同节水时以节水效益分享型模式作为案例；另一方面也因为大部分学校对合同节水管理的认识还停留在只是进行节水效益分享阶段，没有考虑到如何利用节水效益激励节水服务企业提高运营维护质量，从而提高节水率，保证投资的长效机制。

在选择合同节水模式时要充分考虑节水效益和项目特点，既要保证学校切实节约了用水量，又要保证节水服务企业有一定的合理商业利润。国家发展改革委、水利部、国家税务总局《关于推行合同节水管理促进节水服务产业发展的意见》（发改环资〔2016〕1629号）中明确提出了3种典型模式：节水效益分享型，节水服务企业和用水户按照合同约定

的节水目标和分成比例收回投资成本、分享节水效益的模式；节水效果保证型，节水服务企业与用水户签订节水效果保证合同，达到约定节水效果的，用水户支付节水改造费用，未达到约定节水效果的，由节水服务企业按合同对用水户进行补偿；用水费用托管型，用水户委托节水服务企业进行供用水系统的运行管理和节水改造，并按照合同约定支付用水托管费用。同时提出，在推广合同节水管理典型模式基础上，鼓励节水服务企业与用水户创新发展合同节水管理商业模式。

节水效益分享型是最典型的合同节水管理模式，也比较好理解，因此首先考虑选择节水效益分享型模式，一般节水改造投资回收期不超过 4 年且年节水率相对较高的项目，节水收益大多可以满足节水服务企业的投入，选择节水效益分享型可以满足双方的需求。2015 年实施的河北工程大学合同节水管理项目就是采用这一模式。河北工程大学与北京国泰节水发展股份有限公司签订合同节水协议，由该节水服务企业投资进行校园节水改造，投入水改造资金约 958 万元，通过改造老旧供水管线、更换节水终端、建造中水回用系统、安装远传水表及中央控制系统，建立了系统的供水管理体系，实现了学校供水系统的实时监控。截至 2020 年 3 月，5 年共节水约 750 万 t，平均节水率高达 49％。河北工程大学扣除合同期内应向节水服务企业支付的节水服务费，较改造前每年减少水费支出和供水系统维护成本 300 多万元。

用水户从节水型单位创建、节水减排目标考核、优化用水环境的角度考虑，节水改造很必要，但是节水改造投资回收期较长、节水收益不足以支付节水改造投入的，可以考虑选择节水效果保证型。福建工程学院旗山校区 2019 年通过公开招标实施校园效果保证型合同节水，项目包含供水管网和消防管网改造、节水器具安装改造、节水监测平台建设等内容，合同期 10 年，合同总金额 2494 万元。该项目节水改造投资额较大，如果选择节水效益分享型模式，考虑到节水服务企业的收益和财务成本，合同期将超过 20 年，对节水服务企业没有商业吸引力。采用节水效果保证型模式，由节水服务企业先期投资进行节水改造，验收达到节水效果后，校方按合同约定支付节水服务费，取得了校方与节水服务企业双赢的效果。校方在采用节水效果保证型合同节水模式时，要注意节水服务企业的规模和经营状况，避免节水服务企业在回收第一笔节水服务费用后不再持续提供节水服务的情况发生。

对于后勤社会化程度更高、财务会计制度更灵活的，也可以考虑采用用水费用托管型模式。广东某民办职业学校将用水用电以费用托管模式委托给一家节水节能服务企业负责，在承诺保障正常用水用电的情况下，以原水电费用支出的 80％承包给节水节能服务企业，合同期 10 年。节水节能企业通过节水节能改造和精细化管理，使用水用能总量大幅下降，节水节能企业只需向自来水公司和供电公司支付合同总额的 60％左右的水电费用。这个合同节水管理项目中，校方每年可以节省 20％的财务支出，节水节能企业也有一定的合理收益，同时还提高了节水节能管理水平，减少了校方的水电管理人员。

除上述 3 种模式外，还可以采用固定投资回报型、特许经营型、水权交易型等商业模式，在具体实践中学校与节水服务企业可根据实际情况，选择上以上几种商业模式或是几种模式相结合的混合型商业模式。

四、项目设计案例

华南师范大学（石牌校区）
节水改造项目实施方案

1　综合说明

1.1　项目提出

华南师范大学坐落于广东省广州市，是广东省人民政府和教育部共建高校，入选国家"双一流"世界一流学科建设高校、国家"211工程"重点建设大学。本着勤俭节约办教育的原则，华南师范大学大力推动节约型校园建设，并在节约用水、节约用电等各个环节不断创新管理模式。

鉴于华南师范大学对节水型校园建设的需求，北京国泰节水发展股份有限公司组织编写《华南师范大学节水改造项目实施方案》。

1.2　项目背景

党的十八大以来，中央多次提出要把节约资源作为保护生态环境的根本之策。2014年3月，习近平总书记提出了"节水优先，空间均衡，系统治理，两手发力"的新时期治水思路，指出解决中国水问题必须优先节水，同时发挥政府和市场的作用，使市场机制在优化配置水资源中释放出更大活力。水利部在这一治水思路的启发下，在全国首次提出了"合同节水管理"概念，并将这一节水模式写入十八届五中全会审议通过的《中共中央关于制定国民经济和社会发展第十三个五年规划的建议》，提出了"推行合同节水管理"鼓励吸引社会资本开展节水工作的意见。2016年8月，国家发展改革委、水利部、国家税务总局联合发布了《关于推行合同节水管理促进节水服务产业发展的意见》（发改环资〔2016〕1629号）提出要"切实发挥政府机关、学校、医院等公共机构在节水领域的表率作用，采用合同节水管理模式，对省级以上政府机关、省属事业单位、学校、医院等公共机构进行节水改造，加快建设节水型单位"。2016年7月，国家机关事务管理局、国家发展改革委印发《公共机构节约能源资源"十三五"规划》，确定了全国公共机构人均用水量下降15%的工作目标。2016年10月，国家发展改革委、教育部等九部门印发的《全民节水行动计划》，提出鼓励采用合同节水管理模式在高等院校、公立医院实施节水改造。2017年10月，习近平总书记在十九大工作报告中再次强调了要"实施国家节水行动"。2019年4月15日，国家发展改革委、水利部近日联合印发《国家节水行动方案》，方案提出要深入开展公共领域节水，推动合同节水管理，到2022年建成一批具有典型示范意义的节水型高校。这些节水政策都为我们利用合同节水管理开展高等院校节水工作指明了方向。

1.3　用水现状

华南师范大学石牌校区占地约100万 m^2，校区总建筑面积约97万 m^3；石牌校区在校学生人数约16000人，教职工3000多人。年用水量约为248.5万t，学生人均用水量高达430L/（学生·d），高于广东省高等教育250L/（学生·d）的定额标准，具有节水潜力。学校用水分类为宿舍区用水、公共区用水、绿化用水、游泳池用水及食堂等商铺的商业用水等。现行水费单价为 2.89 元/t。

1.4 项目必要性和可行性

实施华南师范大学石牌校区节水改造是节水型校园建设的现实需要，有利于广州市执行最严格水资源管理制度和三条红线的控制管理，符合深化高校后勤社会化体制改革的要求，对于改变用水观念提高节水意识可以起到积极的推动作用。因此，华南师范大学石牌校区实施节水改造十分必要。

我国的节水技术产品已取得了很大的发展，用水计量及传输检控技术、节水用水终端产品等已在公共机构节水领域广泛应用并发挥了重要作用。通过华南师范大学石牌校区进行节水改造，可以达到 35% 左右的综合节水率，每年可节约大量的水费支出。本项目具有技术可行性和经济可行性。

1.5 主要建设内容

采用多项先进节水技术集成的方式，通过开展节水诊断、建设供水管网智能监管控平台、升级终端用水器具、实施废水回收利用、建立完善节水管理制度等手段，对学校的整体供水系统进行综合节水改造。

在保证学校正常供用水的前提下，综合节水率达到 35%。

1.6 施工组织设计

工程范围内，交通较为便利，有利于工程外来物资的运输。工程所需主要建筑材料均可就近市场采购，施工用水可就近取水，施工用电可从电网接入。

高校人员密集，项目实施尽量降低施工对学校教学生活的影响。要充分考虑施工安全，施工组织应在标准规范的基础上，对施工安全防护做更充分的准备。

计划 2019 年 7 月下旬至 9 年上旬实施，施工总工期约 2 个月。

1.7 项目运行维护

为保证节水效果，节水改造完成后校方可以委托实施节水改造的节水服务企业负责供节水设施的运行维护管理工作，具体费用在合同中约定。

1.8 投资估算

工程建设总投资 701 万元，年度维护费用 77 万元。

1.9 商业模式

采用合同节水管理模式，由节水服务企业投资进行节水改造，利用节约的水费支付节水改造的投资、合同期同的运行维护支出及节水服务企业的合理利润。

合同期初定 10 年，合同期内学校分享 20% 的节水收益，节水服务企业分享 80% 的节水收益。

1.10 效益分析

实施节水改造后，综合节水率可达 35% 左右，超过国务院机关事务管理局关于公共机构人均用水量下降 15% 的目标要求，节水效果显著。

实施节水改造后，可节省大量的水费开支，减少了学校的经费支出，经济效益明显。

实施节水改造后，可提高师生用水条件，优化用水环境，为学校的教育、科研提供有利条件。节水改造的宣传和示范带动作用，对节约型校园建设、节水型社会建设具有重要意义，社会效益显著。

1.11　结论与建议

采用合同节水管理进行校园节水改造，环境效益、社会效益、经济效益明显，在不增加财政投入的同时改善了校园用水环境，有效助力学校综合实力的提高，建议尽快安排实施。

2　项目概况

2.1　项目区基本情况

华南师范大学始建于1933年，前身是当代著名教育家林砺儒先生创建的广东省立勤勤大学师范学院；1982年10月，易名为华南师范大学。

华南师范大学（South China Normal University），简称"华南师大"，坐落于广东省广州市，是广东省人民政府和教育部共建高校，入选国家"双一流"世界一流学科建设高校、首批国家"211工程"重点建设大学，入选国家"111计划"、中国政府奖学金来华留学生接收院校、国家大学生文化素质教育基地，是我国100所首批联入CERNET和INTERNET网的高校之一。

华南师范大学石牌校区是华南师范大学"一校三区"（石牌校区、大学城校区、南海校区）格局下的校区之一，是华南师范大学的主校区，也称作"华南师范大学校本部"或者"华师本部"。石牌校区位于广东省广州市天河区中山大道55号，历史悠久，文化气息浓厚。石牌校区是华南师范大学的行政中心，学校领导均在石牌校区办公。部分重大、重要的活动均在石牌校区举行。

目前，在校总人数（包括留学生，家属区等）约3万人，远期人口数3.9万人。其中，在校学生人数约16000人，教职工约3000多人。石牌校区总建筑面积约97万m^2，现有教学楼、图书馆、学院楼、学生宿舍等近90栋，高校教师村高层建筑有6幢，家属区多层建筑86幢。

2.2　用水基本概况

华南师范大学石牌校区分为东区和西区两个主要泵房供水，校园给水主干网按主校道呈"井"字形分布，附近市政水压0.2~0.25MPa，进园管路共有两路，分别由中山大道（1根DN600）、天河科技街（1根DN300）进入东区供水泵站和西区供水泵站向全校供水，采用"市政自来水供水→校区生活蓄水池→校区加压泵站→供水管网→部分楼宇再次加压→用户"的供水方式。片区生活给水与室外消防用水共用一套给水系统。主管网在玉兰路、紫荆路及青松路相对呈环状布置。给水主干管玉兰路采用球墨铸铁管，约1544m，其余路段采用灰口铸铁管，约10188m，管径DN50~DN600，接教学楼、宿舍等建筑的PVC管段长约5542m。年用水量约为248.51万t，见表2-1。

表2-1　　　　　华南师范大学石牌校区近3年用水量统计表

年　　份	2016	2017	2018	平　　均
年总用水量/t	2446817	2487825	2520665	2485102

学校用水分类为宿舍区用水、公共区用水、绿化用水、游泳池用水及食堂等商铺的商业用水等。年用水量约为248.5万t，学生均用水量高达430L/（学生·d），高于广东省高等教育250L/（学生·d）的定额标准（表2-2），具有节水潜力。现水费单价为2.89元/t。

表 2-2　　　　　　　　广东省高校用水定额［摘自《广东省
用水定额》（DB44/T 1461—2014）］

行业代码	行业名称	类别	规模/等级	定额单位	定额值	说　明
824	高等教育	高等院校	有住宿	L/（学生·d）	250	以在校学生人数为基数，为综合定额值。

2.3　宿舍用水情况

西区学生生活区包括 7 栋宿舍楼，宿舍 1600 多间，其中西 1~西 4 宿舍无独立卫生间和浴室，根据用水记录统计，该生活区日平均用水量在 700~1600t，洁具数量见表 2-3。东区学生生活区有 15 栋宿舍，宿舍近 2500 间，其中东 12~东 19 的 7 栋宿舍无独立卫生间和浴室；部分宿舍装有自动洗衣机，独立卫浴的宿舍基本有 3~5 个水龙头和一个洗澡顶喷头，水龙头为老式慢开和快开水龙头，但是基本无角阀直接通过 PVC 管连接；公共卫浴区基本采用 PVC 管和无节水的水龙头，水量较大；老式慢开水龙头较为老旧，部分宿舍无大便冲水器具，仍采用接水冲厕方法冲厕；其余蹲便器冲厕大多数为手按阀，普遍存在有流量无压力的现象；近 3 年宿舍区域平均用水量 74 万 t（图 2-1）。

表 2-3　　　　　　　　宿舍用水设施统计表（房间数：4296 间）

用水器具	面盆龙头	角阀	软管	洗涤龙头	大便手按阀	拖布龙头
数量/个	3120	2821	1702	3604	2370	3478
用水器具	冲凉顶喷	冲凉花洒	马桶	不锈钢波纹管	大便可调手拨阀	水箱
数量/个	700	2977	404	172	171	21
用水器具	感应小便槽	长流水小便槽	热水器	洗衣机		
数量/个	24	40	417	162		

（a）老旧的慢开水龙头

（b）无角阀和节水嘴

（c）老旧角阀

（d）无冲厕装置

（e）高位水箱蹲便冲洗阀

（f）手按式蹲便冲洗阀

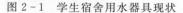
图 2-1　学生宿舍用水器具现状

2.4 公共区域用水情况

学校公共区域用水量较大，用水地点主要是各教学楼的试验教室和洗手间用水。公共区域建筑密度大，新旧建筑结合，在现场调查期间，发现有管道漏水现象。用水器具主要是手按冲厕阀、拖布龙头和面盆水龙头，具体数量详见表2-4。大部分器具状态良好，但出水量较大，大部分器具状态良好，有少部分老旧建筑器具出现损坏和失效的情况。安装的自动感应面盆水龙头和小便斗比较灵敏，人员走动即可触发水阀，导致损失水量较大（图2-2）。

（a）感应式小便斗

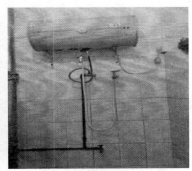

（b）独立热水器

（c）东区泵站

（d）西区水箱漏水

图2-2 公共区供用水设施现状

表2-4　　　　　　　　公共区域用水设施统计表（教学楼：33栋）

用水器具	面盆龙头	角阀	软管	洗涤龙头	大便手按阀	拖布龙头
数量/个	692	709	53	50	1008	337
用水器具	冲凉顶喷	水箱	马桶	不锈钢波纹管	大便可调手拨阀	小便手按阀
数量/个	77	110	73	854	75	387
用水器具	感应小便阀	小便槽	热水器	洗衣机		
数量/个	74	12	52	19		

2.5 地下管网情况

经对校园地下管网进行初步勘察，发现管通线路较长且老旧；管网材质多样化特点明显，主管道材料有铸铁、钢管和PVC管等。铸铁管和少部分钢管的主管道状态较好；宿舍区进楼水管部分供水水管老化和地面沉降导致管道有漏水现象，同时有个别阀门老化失修出现渗水现象。

2.6 学校用水存在的问题

2.6.1 供水管网问题

由于学校建校时间长及学校不断地建设及扩大，学校原有的供水系统设计与现在用水需求不备配，原有的供水管网资料不齐及没有及时更新，学校供水管网错综复杂且没有清晰的供水管网图，没有专业的管道探漏维修技术人员，部分供水管道年久失修出现跑冒滴漏现象。同时学校原有用水监测平台缺少维护，不能对管网用水情况进行监测，缺少对供水管网的用水管理，导致跑冒滴漏不能及时被发现及维修。

2.6.2　用水计量问题

在节水管理上，校区实行三级计量管理，学生宿舍全部安装了热水表独立计量，但只有独立卫浴的宿舍安装有独立的计量表，按学生实际使用方式收取水费；公共卫浴的宿舍没有安装独立的冷水计量设备。

2.6.3　用水终端问题

学校的用水终端都存在大量老化甚至损坏的情况，浪费比较严重，直接增加了学校的运营成本，具体体现如下：

（1）部分公共区域的建筑，洁具使用是感应小便冲水阀、水箱及快开拖布龙头。洁具很新，水箱状态也很好，但是由于感应洁具的感应范围太大，经常出现人一经过就会出现误冲水；而且发现大多卫生间大便时无法一次冲洗干净，需要重复冲洗；有些手按阀延时、冲洗阀老化导致关闭时间过长，这些因素都会导致水资源的浪费。

（2）华师的用水器具绝大多数为大便手按阀、小便手按阀、快开面盆龙头及快开拖布龙头，各种出水量较大，现场发现很多水龙头老化漏水滴水的洁具存在，未发现有节水措施。

（3）西六宿舍楼没有安装冲厕装置，直接接水冲厕，浪费情况较为严重，部分慢开水龙头已经损坏。

（4）大部分公共区域卫浴器具状况良好。例如第一教学楼的卫浴器具设备状况良好，但基本上在使用冲洗过程都存在漏水现象，而且存在水压较大、水花溅出的情况。

（5）大部分建筑物楼顶都配置水池。因为冷水池、热水箱建成时间长且设施老旧，常常有漏水现象，浪费水源。

综上所述，因缺乏系统性、专业性、综合性的节水技术和先进的管理手段以及有效的节水措施，学校存在较大的节水空间，有迫切进行节水改造的实际需求。拟对学校采取合同节水模式进行系统性的节水改造和建立智能化的供用水系统管控平台，以实现用水量下降的节水目标和供水用水的智能管理，同时降低学校的运营成本，并协助学校申请成为综合节水示范单位。

3　项目必要性及可行性

3.1　节约办学的现实需要

早在 2013 年，教育部就下发《关于勤俭节约办教育建设节约型校园的通知》(教发〔2013〕4 号)，要求在教育系统大力弘扬中华民族勤俭节约的优秀传统，提倡"勤俭节约办教育建设节约型校园"，实施华南师范大学节水改造是落实教育部勤俭节约办教育的现实需要。

同时，高校合同节水也是广州市建设节水型社会的现实需要，实施高校节水改造将减少城镇用水量，势必对执行最严格水资源管理制度，满足三条红线的控制管理，改变用水观念、优化用水等工作起到积极的推动作用，同时也将大大减少排污量，是广州市供水开源节流并举的重要举措，是建设节水型社会建设的重要手段。

3.2　符合高校后勤改革要求

采用合同节水管理的方式实施华南师范大学节水改造符合深化高校后勤社会化体制改革的要求。是顺应深化高校后勤社会化体制改革要求的具体实践。合同节水管理和合同能源管理的模式类似，是指节水服务企业用户以合同形式约定节水目标，为用户提供节水评价、融资、改造、管理等服务。用户以节水效益支付节水服务企业的投入及其合理利润的节水服务机制。推行合同节水管理，可以有效降低用户的用水量和节水改造风险。

3.3　项目具有经济可行性

华南师范大学（石牌校区）节水改造项目拟采用社会资本投资建设的"合同节水管理"模式，既降低了学校财政负担与风险，又实现了项目长期可持续运行，同时降低了学校的供水设施年度维护成本，对于学校一方来说是经济的；学校将节约下来的水费以节水服务费的方式支付给节水服务企业，节水服务企业也有一定的收益，能够吸引社会资本进行投资。

3.4　项目具有技术可行性

在节水行业，我国的节水技术产品已取得了很大的发展，有许多先进技术得到应用。用水计量及传输检控技术、节水用水终端产品等已在公共机构节水领域广泛应用并发挥了重要作用。从河北工程大学合同节水管理试点项目建设经验和北京、上海、浙江、江苏、湖北、广东等地的节水改造经验来看，高校合同节水管理所涉及的技术问题都能有效解决。

4　主要建设内容

4.1　设计思路

以水量平衡及水压平衡的基本原理为原则，在不改变原有用水需求、不改变原有用水舒适度的前提下，将"物联网＋"的概念应用到学校供用水管理和节水改造中，通过对供水系统的稳定性、系统性、平衡性、管控性的改造和完善，实现供用水系统的智慧管理和节水的目标。

4.2　规范和标准

（1）《项目节水评估技术导则》GB/T 34147—2017

（2）《项目节水量计算导则》GB/T 34148—2017

（3）《合同节水管理技术通则》GB/T 34149—2017

（4）《取水许可技术考核与管理通则》GB/T 17367—1998

（5）《节水型社区评估导则》GB/T 26928—2011

（6）《节水型产品通用技术条件》GB/T 18870—2011

（7）《城市居民生活用水量标准》GB/T 50331—2002

（8）《用水单位水计量器具配备和管理通则》GB 24789—2009

（9）《节水型卫生洁具》GB/T 31436—2015

（10）《企业水平衡测试通则》GB/T 12452—2008

（11）《企业用水统计通则》GB/T 26719—2011

（12）《企业用水审计技术通则》GB/T 33231—2016

（13）《节水型企业评价导则》GB/T 7119—2018

(14)《民用建筑节水设计标准》GB 50555—2010

(15)《建筑设计防火规范》GB 50016—2014

(16)《给水排水管道工程施工及验收规范》GB 50268—2008

(17)《生活饮用水输配水设备及防护材料的安全评价标准》GB/T 17219—1998

(18)《水嘴用水效率限定值及用水效率等级》GB 25501—2010

(19)《卫生洁具淋浴用花洒》GB/T 23447—2009

(20)《卫生洁具便器用压力冲水装置》GB/T 26750—2011

(21)《卫生陶瓷》GB 6952—2015

(22)《城市供水管网漏损控制及评定标准》CJJ 92—2002

(23)《非接触式给水器具》CJ/T 194—2014

(24)《城市供水管网漏水探测技术规程》CJJ 159—2011

(25)《城市地下管线探测技术规定》CJJ 61—2003

(26)《广东用水定额》DB 44/T 1461—2014

(27)《〈广东省公共机构节水型单位建设标准〉的通知》(粤水资源〔2014〕11 号)

(28)其他相关标准及规范

4.3　节水目标

(1)实现35%～40%的年综合节水率,超额完成国务院机关事务管理局人均用水下降15%的节水指标。

(2)实现供用水系统的智能化、信息化和精细化管理。

(3)终端用水器具达到国家节水器具标准。

(4)在确保供水稳定和安全的基础上,年节约用水量80 万 t 以上。

(5)各项指标达到国务院机关事务管理局、教育部的“能效领跑者”单位、节水型单位水平。

4.4　改造范围

(1)对学校进行 DMA 分区并搭建学校供水管网系统智慧管理监测管理云平台。

(2)供水管道跑冒滴漏的勘察和维修(不含陈旧和较大破损管道的维修和更换)。

(3)对公共区域和宿舍区域的终端用水器具进行改造或维修。

(4)对水泵房的漏水水泵进行维修,对泵房环境进行整改。

(5)对高位水池进行清洗,对水池环境进行整改。

(6)完善优化计量水表系统,更换或新增智能水表。

(7)在合同期内负责所改造部分用水器具的维护管理以及地下管网隐性漏点的探测和维修。

4.5　改造措施

采用专利技术,搭建供水管网监管控平台,建立供水管网智能管理体系,并采取“五个节水”措施,对学校的整体供水系统进行综合节水改造。

4.5.1　搭建供水管网系统智能化管理平台

通过搭建高校供水管网智慧监管控平台(见图 4-1),实现供用水系统的可视化、信息化、智能化管理及实时系统状况的预警和报警管理。

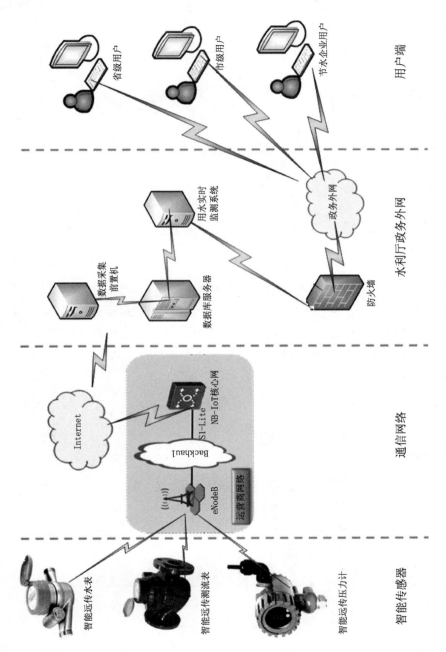

图 4-1　高校供水管网智慧监管控制平台

4.5.2 节水改造措施

（1）管控节水。绘制出供水管网系统图、用水功能系统示意图、管网运行模拟图，在关键管段建立流量压力等监控点，建立管控体系，在原供水管网基础上选择最优方案运行。DMA 分区监测示意图如图 4-2 所示。

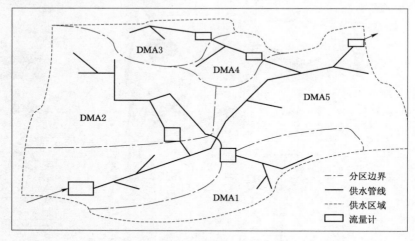

图 4-2　DMA 分区监测示意图

（2）防漏节水。建立目标区域的用水量预测模型，找出水平衡关系和合理用水度；依据用水数据模型的精细分析进行实时漏损定位，及时对漏损管进行探测和修缮。智能监控系统漏损量监测示意图如图 4-3 所示。

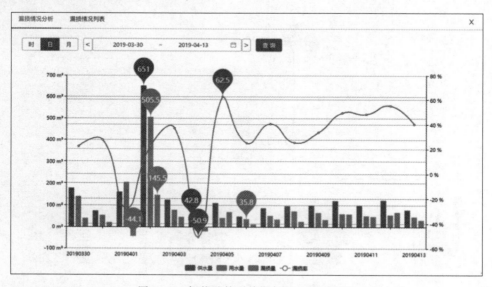

图 4-3　智能监控系统漏损量监测示意图

（3）平衡节水。综合选择监控点，建立管网水压和水量的动态平衡模型，合理分配供水水压；运用水量平衡模型进行实时水量平衡测试，达到均衡供水，减少漏损发生，最终实现供水管网的水压水量动态平衡。用水数据曲线分析示意图如图 4-4 所示。

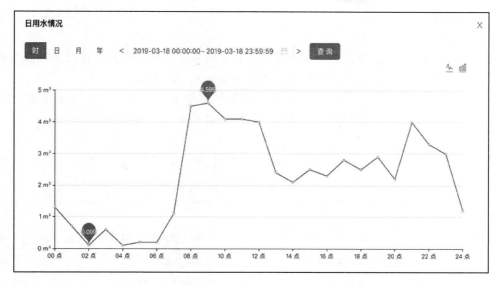

图 4-4　用水数据曲线分析示意图

（4）器具节水。通过用水量预测和用水数据等模型的分析，根据不同功能、不同区域不同楼层进行优化改造或者更换终端用水器具。

非节水的水龙头出水量一般在 25～30L/min，采用节水式水龙头（非接触自动控制式、延时自闭式、停水自闭式、脚踏式、陶瓷磨片密封式等）可将出水量降低至 5～9L/min，在不影响师生洗漱舒适度的情况下，节水 50% 以上。小便池应用非接触式冲水控制开关装置，不使用时不冲水；有条件的普及小便器，小便器比小便池用水量节省 80% 以上，同时方便维护，更加卫生；坑式便器，采用延时自闭冲水阀或脚踏式冲水阀，每次冲厕用水可低于 4L；座式便器采用 6L 以内的两档式便器、脚踏式冲水便器。淘汰进水口低于水面的卫生洁具水箱配件、上导向直落式便器水箱配件和冲洗水量大于 9L 的便器及水箱。集中浴室普及使用冷热水混合淋浴装置，使用卡式智能、非接触自动控制、延时自闭、脚踏式等淋浴装置；采用淋浴器的限流装置。

（5）管理节水。根据水量平衡关系和合理用水程度制定用水计划和下达用水指标，实施用水指标管理；建立用水考核评价体系，实现用水精细化管理。节水改造主要内容见表 4-1。

表 4-1　　　　　　　　　　节水改造主要内容

序号	项 目 名 称	改 造 内 容
1	公共区域节水器具改造	面盆龙头、小便斗、蹲厕、拖把龙头等
2	宿舍区域节水器具改造	水龙头、花洒、蹲厕、拖把龙头等
3	水泵房维修及整改	9 个水泵房漏水维修及泵房内环境整改
4	楼顶水池整改清洗	37 个楼顶水池清洗及防水整改
5	DMA 分区改造	分区管道改造
6	管网探测及维修优化	管网探测、改造、维修、优化及复探等
7	供水管网平台建设	原有水表修复、新增计量点水表、新增压力传感器监控、平台软件开发等

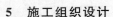

5　施工组织设计

5.1　总体要求

工程范围内，交通较为便利，有利于工程外来物资的运输。工程所需主要建筑材料均可就近市场采购，施工用水可就近取水，施工用电可从电网接入。

高校人员密集，项目实施尽量降低施工对学校教学生活的影响。要充分考虑施工安全，施工组织应在标准规范的基础上，对施工安全防护做更充分的准备。

5.2　施工进度

计划2019年7月下旬至9年上旬实施，施工总工期约2个月。工作计划表见表5-1。

表 5-1　　　　　　　　　　　工 作 计 划 表

工 作 内 容	工 作 目 标	时间
供水系统进行全面实地勘察、普查、地下管网探测	绘制工况运行图及管网图	1个月
地下供水管网漏损探测、维修（最少3轮次）	解决地下管网漏损问题	1个月
DMA分区改造	实现供水DMA分区	2个月
泵房及楼顶水池整改	解决水泵及水池漏水和清洁供水环境	1个月
新增区域用水计量水表，水表井施工等	完善二级计量	1个月
宿舍区域及公共区域终端用水器具节水改造	终端用水器具节水改造	2个月
供水管网供水平台搭建	智能化管理	2个月
维护管理	建立长期维护管理机制	长期

6　项目运行维护

为保证节水效果，节水改造完成后校方可以委托实施节水改造的节水服务企业负责供节水设施的运行维护管理工作，具体费用在合同中约定。

6.1　机构设置

严格按照校方的运维管理要求，以设备安全管理为中心，以提高系统节水效率、保证用水体验为目标，节水服务企业在华南师范大学石牌校区设置运维中心，配置中心主任1名（兼职）、材料管理员1名（兼职）、安全员1名（兼职）、维修管理员3人。

节水服务企业公司本部配置质检工程师、安全工程师、风控工程师等。

6.2　运维管理目标

（1）节水目标：不少于合同约定的节水目标。

（2）安全目标：伤亡事故率0%。

（3）检修要求：固定巡检每天两次；接到跑水报修后60min内赶到现场，3h内处理完毕。

（4）质量管理目标：运维工作质量优良。

（5）环境管理目标：无噪声、光、废水污染。

（6）职业健康管理目标：保障员工生命安全和健康，员工人身伤害保险投保率100%。

6.3　维护内容

6.3.1　供水设施运行维护

（1）日常巡检。日常巡检包括固定巡回检查、重点排查、即时检查3种形式。固定巡回检查指运行人员按照规定的路线和时间所进行的周期性巡回检查。重点排查是针对设备特点和运行方式、自然条件变化等所增加检查次数、项目、内容的检查。即时检查指当运行人员根据经验判断认为设备异常运行时，立即到现场对设备进行的检查。

巡检要求：巡回检查时要思想集中，及时发现设备异常，进行正确地处理。检查时必须携带抢修工具等必需的检查维修工具，以保证检查质量。巡检时，应严格按照巡检路线和巡检内容对设备逐台认真进行巡检，并做好巡查记录，严禁走过场。巡检人员进入危险区或接近危险部位（如屋顶组件、湖心作业、带电设备）检查时，应严格执行相关的安全规定。巡检人员应熟悉系统、设备特性，了解设备正常运行时的温度、声音。巡回检查时，若发现设备异常或有疑问时，应加强监视，分析原因，并及时向运维中心主任汇报。巡回检查中不允许随意拆除检修安全措施或挪动遮拦，不许乱动正在检修的设备等。

（2）漏水抢修。运维中心向全体师生公布电话、微信、手机等报修方式。运维中心接到报修电话后，维修人员需60min内赶赴现场处理，到达校内报修的停水、漏水等事故点后立即进行事故处理和设备维修，3h内解决问题。

针对短时间内降温幅度大等情况，做好冬季防护工作。

参照其他学校运维经验，陶瓷制品按5%损坏率、冲水阀按10%损坏率、水嘴按20%损坏率计算，此费用预估可能存在偏差。

（3）公众监督。与学生会合作，聘请10名学生作为节水监督员，主要负责日常节水监督及宣传工作。

6.3.2　管网检修

校园供水管道漏水主要会带来两个方面的危害：一是严重影响到师生的正常生活用水；二是供水管道泄漏会造成严重的水资源浪费。因此，需要加强对校园供水管道的检漏和维修，切实提高管道供水的安全性和可靠性。

6.3.3　节水宣传

协助校方张贴日常节水标语、标识，与学生组织共同开展的各类节水相关活动。结合"世界水日""中国水周"活动进行主题宣传。

6.4　运维费用

项目年运维费共计77万元，具体见表6-1。

表6-1　　　　　华南师范大学石牌校区运行维护费用估算

序号	科　　目	工程量		单价/元	费用/万元	备　　注
		数量	单位			
一	直接费用				70	
1	供水设施运维				68	
①	人员劳务费	4	人	6500	31.2	含三险一金
②	办公经费	4	人	2000	0.8	通信费、交通费、办公耗材费等日常办公费用

序号	科　　目	工程量		单价/元	费用/万元	备　注
		数量	单位			
③	维修材料费		件次		36	参照老校区及其他学校运维经验，陶瓷制品按5%损坏率、冲水阀按10%损坏率、水嘴按20%损坏率计算，此费用预估可能存在偏差
2	管网检修	20	点次	500	1	校园内的主管网漏点检修等
3	节水宣传经费	1	项	10000	1	主要用于日常节水标语、标识的张贴以及学生组织开展的各类节水相关活动（应校方要求）
二	间接费用				7	
1	税金			直接费用6%	4.2	节水服务企业每笔收款都需缴纳税金，节水服务费税率为6%
2	利润			直接费用4%	2.8	
Σ	总费用				77	

注：该概算为首年费用，考虑到随着时间的增加节水设施老化严重，之后运维费用逐年递增5%。

7　投资估算

工程建设总投资701万元，年度维护费用77万元。详见表7-1。

表7-1　　　　　　　　华南师范大学（石牌校区）综合节水投资估算

序号	项　目　名　称	投入金额/万元
一	直接费用	633
1	公共区域节水改造	60
2	宿舍区域改造	200
3	水泵房维修及整改	58
4	楼顶水池整改清洗	40
5	DMA分区改造	60
6	管网探测及维修优化	100
7	供水管网平台	80
8	措施费（垃圾清运、环境保护、文明施工等）	5
9	预备费用（项目增项、政策性价差等）	30
二	间接费用	68
	设计咨询费	38
	招投标费用	4
	规费及管理费	26
Σ	总费用	701

8　商业模式

8.1　合作方式

合同节水管理（WEMC），是指节水服务企业与用水户以合同形式，为用水户募集资本、集成先进技术，提供节水改造和管理等服务，以分享节水效益方式收回投资、获取收益的节水服务机制。合同节水管理，有利于降低用水户节水改造风险，提高节水积极性，有利于节水减污，提高用水效率，推动绿色发展。合同节水管理，其工作本质是进行的节水改造工作事项所能节省的用水量经济效益大于或者等于为其投入的经济成本，包括材料费用、人工费用和管理费用等。

本项目采用合同节水管理方式进行实施。即校方与节水服务企业签订合同后，节水服务企业投入资金、技术、设备、器具为学校提供综合节水改造服务，并通过节水改造产生的节水效益按分享比例得到应回收的投资成本和获取合理的利润，学校不用投入资金、不承担任何风险。同时，合同期内所投入节水改造的设备、器具等全由节水服务企业负责维护管理，合同期满后投入项目的全部节水设备、器具等均无条件归学校所有。

8.2　合同期限

华南师范大学石牌校区综合节水改造项目实施的合同期限为 10 年。

8.3　收益分享

根据本次华师综合节水改造的内容和投入情况，拟定合同期内节水效益分享比例为：学校分享 20％ 的节水收益，节水服务企业分享 80％ 的节水收益；合同期满后，学校拥有 100％ 的节水收益。

8.4　结算方式

按每年每季度结算一次节水收益，每年结算 4 次。即：每季度节水收益＝（原对应季度的用水总基数）－（现季度的实际用水总量）×水费单价－季度维护费用。

以现行综合水价 2.89 元/t 为节水效益结算的水价基数。合同期内当期结算的水价根据市政水价调整时，按当期实际水价进行结算。

9　效益分析

9.1　节水效益

实施节水改造后，综合节水率可达 35％ 左右，超过国务院机关事务管理局关于公共机构人均用水量下降 15％ 的目标要求，节水效果显著。

采用先进的合同节水管理模式，由节水服务企业先行投资建设，采购安装高效节水终端，在合同期内负责运维管理，节水效果直接与企业收益挂钩，可以有效保证长期、稳定、高效的节水效果。

9.2　经济效益

实施节水改造后，可节省大量的水费开支，减少了学校的经费支出，经济效益明显。

按照传统模式，由财政部门向学校拨付经费，用于校区建设和用水费用。本项目实施后，由节水服务企业先行投资，达到一定节水水平，在一定期限内，节水产生的效益可覆盖投资，节约了财政经费，缓解了校方财政经费的压力。

9.3　社会效益

实施节水改造，安装的终端洁具本着好用、耐用、实用的原则进行采购安装，使广大师生用得舒服、安心、放心，可有效保证师生用水的安全性和便捷性；由节水服务企业同时负责运维管理，提供系统服务，并与其经济效益挂钩，能够有效保障用水环境清洁，保证维修及时、到位。

本项目采用合同节水管理、管网智能监管等多项先进技术和商务模式，先进理念贯穿始终，在全国高校中处于领先水平，可有效丰富和完善节水宣传教育手段，提高产学研保障水平，为学校的教育、科研提供有利条件。

合同节水管理是国家重点推行的新型节水模式，项目在学校先行实施，使其具备了更优的研究、总结和完善的环境，以及更好的宣传和示范带动作用，对我国推行合同节水管理模式具有重要意义，可为国家推行合同节水管理发挥示范带动作用，社会效益显著。

10　结论与建议

采用合同节水管理进行校园节水改造，学校不用投放节水改造资金，节省了支出；综合节水率可达35%，供节水设施大范围更新升级，改善了用水环境；合同期10年，每年学校还可从节约的水费中分享20%的收益，同时节省了大量的运行维护支出。

本项目的环境效益、社会效益、经济效益明显，在不增加财政投入的同时改善了校园用水环境，建议尽快安排实施。

第四节　节水服务企业的确定

一、节水服务企业遴选

目前国家对于节水服务企业没有资质要求，这也是顺应中央"放、管、服"改革、为市场主体减负的决策部署的。但要招标或比选过程中通过一些材料了解节水服务企业的基本信息还是必要的。

用水单位应依据政府采购、招投标等有关法律法规及地方相关规定，根据项目类型和资金额度确定项目采购方式。

节水服务企业应按照项目政府采购的相关要求，提交下列材料：

（1）企业基本情况及有关证明材料（包括法人营业执照、注册资本金等）。

（2）企业财务状况及资信证明、纳税凭证等（企业财务状况主要指的是企业审计报告或经审计认定的财务报表，资信证明是指省级以上社会团体或第三方评估机构出具的信用凭证，纳税凭证指的是上一年度的税审报告，以及为本项目进行的资金准备等证明材料）。

（3）履行合同所需的专业技术等能力（包括自有技术）及证明材料，主要指的是发明、专利证书以及节水改造过程中产品经营代理授权等。

（4）以往的有关业绩，以往的有关业绩指合同节水管理项目业绩，如果实施过合同节水管理项目建议予以加分。

（5）拟实施项目的技术方案（合同节水管理项目技术方案应包括但不限于：项目基本情况、节水目标与建设内容、各单项项目技术方案及投资估算、实施组织与运行维护、预期效益与风险分析、分期实施计划、拟采取的合同节水模式等）。

（6）要求提供的其他材料，由用水单位约定，但是不得有排他性。

二、 合同的谈判与鉴定

就合同节水管理项目改造达到共识后，用水单位与节水服务企业应本着公平、公正的原则签订合同节水管理项目实施合同，合同中规定双方的责任和义务。用水单位与选定的节水服务企业签订的项目合同可作为项目实施、验收以及分享收益的主要依据。

合同应包含项目边界与范围、合同期限、节水基准与节水目标、商务模式、收益分享或费用支付（根据不同模式进行具体约定）、质量控制与验收、资产移交、双方权利与义务、合同变更、风险控制、违约责任、争议解决、其他约定事项等内容。

节水效益分享模式合同可参照《合同节水管理技术通则》(GB/T 34149)；节水效果保证模式、用水费用托管模式合同可参照《公共机构合同节水管理项目实施导则》(T/CHES 20)，详见附录1、附录2和附录3。

三、 注意事项

用水单位是行政事业单位的，用水单位在启动节水服务企业遴选工作前应根据有关政策制度要求进行合同节水管理项目立项。合同节水管理项目虽然采用达效付费的商业模式，一般不需要学校先期筹集节水改造资金，但为了保证项目的顺利开展，用水单位也应按建设项目有关规定履行校内立项程序。建议由后勤管理部门发起申请，最后由行政领导办公会进行合同节水管理项目立项。

用水单位是行政事业单位的，用水单位在选择节水服务企业时不能回避招标。用水单位应依据政府采购、招投标等有关法律法规及地方相关规定，根据项目类型和资金额度确定项目采购方式。合同节水管理项目和其他工程项目一样，都需按国家相关要求履行建设程序。特别是学校属"关系社会公共利益、公众安全的公用事业项目"，无论使用财政资金的公立学校还是使用自有资金的民办学校，节水改造投资超过必须招标金额的必须进行招标。国家发展改革委正式发布并于2018年6月1日实施的《必须招标的工程项目规定》对金额上限进行了调整，施工单项合同估算价在400万元人民币以上；重要设备、材料等货物的采购，单项合同估算价在200万元人民币以上；勘察、设计、监理等服务的采购，单项合同估算价在100万元人民币以上。各省如有更严格规定的，以本省（自治区、直辖市）金额为准。

第五节　项　目　实　施

一、 资金筹措

合同节水管理项目实施资金宜由节水服务企业筹集。节水服务企业应根据合同节水管理项目特点和合同要求，制定投融资方案，控制投融资风险。节水服务企业在筹措资金时应考虑预留储备资金，满足项目资金需求，确保项目实施按计划进行。

二、 技术集成

因节水改造是系统性的工作，需要进行节水技术集成。节水技术集成应遵循以下原则：

先进适用原则。技术集成应符合科学规律，经过实际应用证明效果良好的工艺、设备、器具、材料可作为适用技术纳入节水技术集成范畴。

系统性原则。节水项目中应用的节水技术不是单一的，应从供水系统、用水终端、用水工艺设施、再生水利用、雨水利用、管道漏损检测与控制、智能监控等多方面系统考虑，根据实际情况集成多项技术，采取相应的综合措施，以保障节水效果。

效果和效益保证原则。应综合考虑节水技术本身的先进性、稳定性及投资回报率等因素，集成适宜的节水技术，以保证达到预期节水效果和节水效益。

节水技术设备应符合相关标准，采用政府集中采购目录或达到二级及以上水效等级，或有节水产品认证的，或省级以上行政主管部门发布的节水技术、产品名录的设备、产品和工艺。各项节水技术设备可参照以下标准：

（1）供水管网漏损检测及控制技术参照：CJJ 92《城镇供水管网漏损控制及评定标准》、CJJ 159《城镇供水管网漏水探测技术规程》。

（2）给排水设计参照：GB 50013《室外给水设计规范》、GB 50014《室外排水设计规范》、GB 50015《建筑给水排水设计标准》、GB 50555《民用建筑节水设计标准》。

（3）用水终端洁具选择参照：GB/T 31436《节水型卫生洁具》、CJ/T 164《节水型生活用水器具》。

（4）用水计量器具选择参照：GB 24789《用水单位水计量器具配备和管理通则》。

（5）再生水处理及中水回用参照：GB 50335《城镇污水再生利用工程设计规范》、GB 50336《建筑中水设计标准》、GB/T 18920《城市污水再生利用 城市杂用水水质》。

（6）雨水利用技术参照：GB 50400《建筑与小区雨水控制及利用工程技术规范》、GB/T 51345《海绵城市建设评价标准》。

（7）节水灌溉技术参照：GB/T 50363《节水灌溉工程技术标准》。

（8）智能监控技术参照：SL/Z 349《水资源监控管理系统建设技术导则》。

节水服务企业应按高校确认的技术方案，编制合同节水管理项目设计方案，作为项目施工的依据。设计方案内容主要包括：

（1）设计说明书：设计依据、设计范围、工程概况、节水基准及目标节水量、节水技术集成方案、控制系统设计及软件等。

（2）主要设备器材表：主要设备器材的名称、性能参数、计数单位、数量，以及采购、供应方案。

（3）施工组织设计：实施条件和进度计划、施工场地及后勤保障、进度控制、成本控制等。

（4）设计图纸：设计区域给排水的总平面图、给排水局部平面图、各级计量仪器分类布置图等。

（5）计算书：用水量和节水量计算和验证、水量平衡计算、有关的水力计算和热力计算、设备选型和构筑物尺寸。

（6）工程概算。

（7）其他：质量监督管理、验收时间及验收标准等。

三、 施工管理

用水单位应按照相关规定和项目改造要求，聘请监理（或第三方）负责项目实施过程中质量和进度控制。按照《建设工程监理范围和规模标准规定》，国家重点建设工程、大中型公用事业工程、成片开发建设的住宅小区工程、利用外国政府或者国际组织贷款、援助资金的工程、国家规定必须实行监理的其他工程必须实行监理。其中大中型公用事业工程，是指项目总投资额在 3000 万元以上的供水、供电、供气、供热等市政工程项目、科技、教育、文化等项目、体育、旅游、商业等项目、卫生、社会福利等项目、其他公用事业项目。成片开发建设的住宅小区工程，建筑面积在 5 万 m² 及以上的住宅建设工程必须实行监理；5 万 m² 以下的住宅建设工程，可以实行监理，具体范围和规模标准，由省、自治区、直辖市人民政府建设行政主管部门规定；为了保证住宅质量，对高层住宅及地基、结构复杂的多层住宅应当实行监理。利用外国政府或者国际组织贷款、援助资金的工程范围包括使用世界银行、亚洲开发银行等国际组织贷款资金的项目、使用国外政府及其机构贷款资金的项目、使用国际组织或者国外政府援助资金的项目。国家规定必须实行监理的其他工程是指项目总投资额在 3000 万元以上关系社会公共利益、公众安全的基础设施项目，学校、影剧院、体育场馆项目。由此可见，学校合同节水管理项目应实行监理。

节水服务企业应按合同内容及设计方案组织项目实施，并有专人负责质量管理，保证项目实施进度和施工质量符合要求。应按工程档案管理相关要求做好项目档案归档和移交前的资料管理工作。施工完成后应对设施设备进行调试，调试完成后方可申请验收。施工期间应考虑尽量降低施工对学校教学、医院治疗、企业经营等正常的工作生活的影响，合理安排工期，并做好施工安全防护措施；按照相关规范及监理单位要求做好各单元、分部分项和阶段性验收工作；加强施工管理，遵循高校相关规定，文明、规范施工。

处理好实施节水项目的资金来源和节水效益的去向问题。在高校等用水单位应用合同节水模式开展节水工作时，能否解决好这一问题，对其开展节水项目的积极性有重要影响。资金来源方面，用水单位可以将节水服务企业列入水电供应单位的序列，可将节水服务费用从水电费用中列支。在年度财政经费申报时不调减公共机构的年度经费预算，对因实施合同节水管理而产生的节约经费，作为学校节能节水管理的补充经费，以提高用水单位进行节水改造的积极性。

第六节 项 目 验 收

为保证合同节水管理项目验收的制度化、规范化，合同节水管理项目验收可参照《水利水电建设工程验收规程》《水利水电工程施工质量检验与评定规程》执行。合同节水管理项目验收包括分部工程验收、单位工程验收、阶段验收、技术预验收、项目完工验收等。可根据合同节水管理项目需要增设验收的类别和具体要求。

一、 验收依据、 内容

1. 工程验收应以下列文件为主要依据

（1）国家现行有关法律、法规、规章和技术标准。

（2）有关主管部门的规定。

（3）经批准的工程立项文件、初步设计文件、调整概算文件。

（4）经批准的设计文件及相应的工程变更文件。

（5）施工图纸及主要设备技术说明书等。

（6）施工合同。

2. 工程验收应包括以下主要内容

（1）检查工程是否按照批准的设计进行建设。

（2）检查已完工程在设计、施工、设备制造安装等方面的质量。

（3）检查相关资料的收集、整理和归档情况。

（4）检查工程是否具备运行或进行下一阶段建设的条件。

（5）检查工程投资控制和资金使用情况。

（6）对验收遗留问题提出处理意见。

（7）对工程建设做出评价和结论。

二、 主要验收环节

合同节水管理项目主要可分为分部工程验收、单位工程验收、项目完工验收、工程移交验收单位等几个环节。

1. 分部工程验收

（1）分部工程验收应由节水服务企业（或委托监理单位）主持。验收工作组应由节水服务商、勘测、设计、监理、施工、主要设备制造（供应）商等单位的代表组成。运行管理单位可根据具体情况决定是否参加。

（2）分部工程具备验收条件时，分部工程具体实施单位应向总包节水服务商提交验收申请报告。总包节水服务商应在收到验收申请报告之日起 10 个工作日内决定是否同意进行验收。

（3）分部工程验收应具备以下条件：

1）所有单元工程已完成。

2）已完单元工程施工质量经评定全部合格，有关质量缺陷已处理完毕或有监理机构批准的处理意见。

3）合同约定的其他条件。

（4）分部工程验收应包括以下主要内容：

1）检查工程是否达到设计标准或合同约定标准的要求。

2）评定工程施工质量等级。

3）对验收中发现的问题提出处理意见。

（5）分部工程验收应按以下程序进行：

1) 听取施工单位工程建设和单元工程质量评定情况的汇报。

2) 现场检查工程完成情况和工程质量。

3) 检查单元工程质量评定及相关档案资料。

2. 单位工程验收

(1) 单位工程验收由用水单位（或委托监理单位）主持。验收工作组应由用水单位、节水服务商、勘测、设计、监理、施工、主要设备制造（供应）商、运行管理等单位的代表组成。必要时，可邀请上述单位以外的专家参加。

(2) 单位工程具备验收条件时，节水服务商应向用水单位提交验收申请报告。用水单位应在收到验收申请报告之日起 10 个工作日内决定是否同意进行验收。

(3) 单位工程验收应具备以下条件：

1) 所有分部工程已完建并验收合格。

2) 分部工程验收遗留问题已处理完毕并通过验收，未处理的遗留问题不影响单位工程质量评定并有处理意见。

3) 合同约定的其他条件。

(4) 单位工程验收应包括以下主要内容：

1) 检查工程是否按批准的设计内容完成。

2) 评定工程施工质量等级。

3) 检查分部工程验收遗留问题处理情况及相关记录。

4) 对验收中发现的问题提出处理意见。

(5) 单位工程验收应按以下程序进行：

1) 听取工程参建单位工程建设有关情况的汇报。

2) 现场检查工程完成情况和工程质量。

3) 检查分部工程验收有关文件及相关档案资料。

4) 讨论并通过单位工程验收鉴定书。

3. 项目完工验收

(1) 项目完工验收由用水单位主持（如法律规定由地方建设主管部门主持验收的，依照相关法律执行）。验收工作组应由用水单位、节水服务商、勘测、设计、监理、施工、主要设备制造（供应）商、运行管理等单位的代表组成。必要时，可邀请上述单位以外的专家参加。验收工作组人员需在验收鉴定书上签字。

(2) 合同节水管理项目合同约定的建设内容完成后，节水服务商应向用水单位提交验收申请报告。用水单位应在收到验收申请报告之日起 10 个工作日内决定是否同意进行验收。未经验收或验收不合格的工程不得交付使用或进行后续工程施工。验收工作应相互衔接，不应重复进行。

(3) 工程验收应在施工质量检验与评定的基础上，对工程质量提出明确结论意见。

(4) 验收资料由节水服务商统一组织，有关单位应按要求及时完成并提交。节水服务商应对提交的验收资料进行完整性、规范性检查。验收资料分为应提供的资料（详见表 4-1）和需备查的资料（详见表 4-2）。有关单位应保证其提交资料的真实性并承担相应责任。

表 4-1
验收应提供的资料清单

序号	资 料 名 称	分部工程验收	单位工程验收	阶段验收	技术预验收	完工验收	提供单位
1	工程建设管理工作报告	＊	＊	＊	＊	√	节水服务商
2	工程建设大事记	＊	＊	＊	＊	√	节水服务商
3	拟验工程清单、未完工程清单、未完工程的建设安排及完成时间	√	√	√	√	√	节水服务商
4	技术预验收工作报告	＊	＊	＊	＊	√	专家组
5	工程建设监理工作报告	＊	＊	＊	＊	√	监理机构
6	工程设计工作报告	＊	＊	＊	＊	√	设计单位
7	工程施工管理工作报告	＊	＊	＊	＊	√	施工单位
8	运行管理工作报告	＊	＊	＊	＊	√	运行管理单位
9	重大技术问题专题报告	＊	＊	＊	＊	√	节水服务商
10							

注："√"表示"应提供"；"＊"表示"宜提供"或"根据需要提供"。

表 4-2
验收应准备的备查档案资料清单

序号	资 料 名 称	分部工程验收	单位工程验收	阶段验收	技术预验收	完工验收	提供单位
1	前期工作文件及批复文件	＊	＊	＊	＊	√	用水单位
2	主管部门批文	＊	＊	＊	＊	√	用水单位
3	招标投标文件	＊	＊	＊	＊	√	用水单位
4	合同文件	＊	＊	＊	＊	√	用水单位
5	工程项目划分资料	√	√	√	√	√	节水服务商
6	工程施工质量检验文件	＊	＊	＊	＊	√	节水服务商
7	工程监理资料	＊	＊	＊	＊	√	监理单位
8	施工图设计文件	√	√	√	√	√	设计单位
9	工程设计变更资料	＊	＊	＊	＊	√	设计单位
10	重要会议记录	＊	＊	＊	＊	√	节水服务商
11	安全、质量事故资料	＊	＊	＊	＊	√	节水服务商
12	竣工结算及审计资料	＊	＊	＊	＊	√	节水服务商
13	工程建设中使用的技术标准	√	√	√	√	√	节水服务商
14	工程建设标准强制性条文	√	√	√	√	√	节水服务商
15	专项验收有关文件	＊	＊	＊	＊	√	节水服务商
16	安全、技术鉴定报告	＊	＊	＊	＊	√	节水服务商
17	其他档案资料	根据需要由有关单位提供					

注："√"表示"应提供"；"＊"表示"宜提供"或"根据需要提供"。

（5）验收过程中发现的技术性问题原则上应按合同约定进行处理。合同约定不明确的，按国家或行业技术标准规定处理。

（6）竣工验收会议应包括以下主要内容和程序。

1）现场检查工程建设情况及查阅有关资料。

2）听取工程建设管理工作报告。

3）听取验收委员会确定的其他报告。

4）讨论并通过竣工验收鉴定书。

5）验收工作组成员和被验收单位代表在竣工验收鉴定书上签字（详见附件5：合同节水管理项目工程验收鉴定书模板）。

4. 工程移交运营单位

（1）工程通过投入使用验收后，节水服务商需依据前期签订的合同节水服务合同，与业主签订运营维护合同，并组建运营项目部，负责项目运营管理，保障项目良好动作以发挥最大效益，直至项目完结。

（2）办理工程移交，应有完整的文字记录和产权双方相关负责人签字。

第七节　运行管理及人员培训

合同期内运营维护一般由节水服务企业组织实施，节水服务企业应根据不同的合同节水管理模式、项目集成技术特点及合同约定成立运营管理部门，或与用水单位组建联合运营部门共同开展运营维护管理，保障系统在运营过程中最大限度地发挥节水效益。

运营维护管理主要内容包括技术设备的日常运行维护、检修保养、计量收费、应急处置、节水量（率）的定期监测、数据统计分析、技术档案管理及信息化建设、运营管理人员培训、运营报告编写等。

运营维护管理部门应负责建立运营维护管理制度，编制运行手册，制定日常操作的标准化程序和突发故障的紧急应对程序，并在运行中不断改进。节水服务企业一般采用购买服务的方式，通过招标或比选方式在用水单位所在地选择运营团队，以保障系统改造后最大限度地发挥节水效益。也可由节水服务企业自行组建运营团队。运营团队成立后，应同时下发考核办法，明确目标和奖惩措施。考核原则如下：

1）保证节水效果不低于设计水平。

2）保证运营成本不高于设计标准。

3）保持供节水设施的完好。

4）确保用水单位满意度。

合同期满后，按合同约定，由节水服务企业组织用水单位、运营团队完成项目移交。如用水单位希望节水服务企业继续提供节水服务，可另行签订服务合同。

第八节　节水效益分配

合同节水管理是一种市场化节水机制，是节水服务企业与用水单位签订合同，为用水单位提供节水诊断、融资、改造、运行等一系列服务，并通过分享节水效益方式回收投资和合理利润的商业模式。如何分享节水效益是节水服务企业和用水单位都十分关注的问题。

解决项目评估及效益分配问题。合同节水管理是市场化运作，必然涉及利益（节水效益）分配问题，为保障用水单位和节水服务企业双方的正当权益，避免出现节水量（节水效果）计算不清、效益分享不均等方面的矛盾或纠纷，应区别考虑不同模式合同节水管理项目节水量（节水效果）的计算、测量及评估等方面的标准和方法，解决项目节水评估及节水效益分配问题。在核定项目节水量时，应充分考虑用水户的属地、运行时间、设备种类、高校用水人数变化等因素对节水改造后用水量的影响。必要时应由用水户与节水服务企业双方认可的第三方专业服务机构对节水量（节水效果）进行确认。

一、 效益分享期内的项目节水量或节水率的确定

项目节水量计算参照 GB/T 34148 进行。项目节水核查参照 T/CHES 20 执行，可由高校与节水服务企业共同确认，或由双方认可的第三方专业服务机构确认。在核定项目节水量时，应充分考虑高校属地、运行时间、设备种类、高校用水人数变化等因素对节水改造后用水量的影响。

二、 分享期限和分享比例的确定

在用水单位与节水服务企业签订的合同内应该明确规定，采用的合同节水模式、双方分享项目节水效益的分享期限和分享比例、具体结算及支付方式等。

用水单位在项目立项资金来源中，应注明采用合同节水管理机制开展的合同节水管理项目。用水单位应按照会计制度要求，落实财务支付渠道，不影响高校下一年度水费预算。用水单位和节水服务企业应根据节水核查结果和合同约定分享节水效益。

对于节水改造投资回收期不超过 4 年，年节水率不低于 30% 的项目，可选择节水效益分享型。用水户从节水型单位创建、节水减排目标考核、优化用水环境的角度考虑，节水改造很必要，但节水改造投资回收期较长、节水收益不足以支付节水改造投入的，可以考虑选择节水效果保证型。对于后勤社会化程度更高、财务会计制度更灵活的，也可以考虑采用用水费用托管型；还可根据实际情况，选择混合型或有利于节水的其他模式。

只采用节水效益分享模式，公共机构类的用水单位双方分享项目节水效益的分享期限不宜超过 5a，最长不应超过 8a。节水服务企业在计算项目收益率时，项目的年化收益不宜少于 8%，否则节水服务企业承担的资金风险过大，不利于节水服务企业的长期发展。

三、 用水单位预算管理

所谓合同节水管理，就是节水服务企业依据用水单位节水目标提供节水改造服务，垫资改造费用，用水单位以节水效益支付节水服务企业节水改造项目成本的节水服务机制。采取合同节水管理方式实施节水改造，对于规范节水市场发展、促进节能减排、降低行政运行成本等，具有积极的推动作用。但在实际应用过程中，很多用水单位是行政事业单位，有各自的预算管理规定，节水效益如何分配、节水服务费用会计核算等问题在国家层

面尚无明确规定。

　　建议用水单位及其上级预算管理部门在预算编制上，采用合同节水管理节约了水费支出后，部门预算水费定额应维持不变，实施改造后节省的水费可用于支付节能改造项目成本。在支付管理上，可在合同规定年限内，按相关要求以国库集中支付方式或由用水单位直接向节水服务企业支付节水改造成本，在部门预算安排的"水费"中列支。在资产管理上，按照《行政单位财务规则》和《事业单位财务规则》有关规定，用水单位将节水改造设备计入固定资产账，按固定资产管理。在会计核算上，对行政单位和事业单位，明确会计核算和账务处理原则。在政府采购上，用水单位节水改造项目应编制年度政府采购预算，由采购单位申报节水改造项目政府采购计划，经政府采购行政管理部门审核并确定适当的采购方式后组织实施采购。

第五章　合同节水管理项目的融资

第一节　政　策　支　持

一、 节水行业融资环境分析

城市水务行业作为国民经济中不可或缺的基础性产业，具有天然垄断性且生命周期较长，主要为城市居民和企业提供生产和生活用水，作为必需品需求弹性低，受宏观经济运行影响较小，使得水务企业不用担心替代产品或服务的竞争。根据中国水利企业协会节水分会数据，截至 2019 年年底全国节约用水相关企业约有 2000 多家，资产规模 6315 亿元，年销售收入 1200 亿元，利润 67 亿元。随着国家进一步加大节能减排执行力度、加快推进新型城镇化建设，以及水务领域市场化改革的步伐加快，节水行业将面临新发展机遇，市场前景广阔。

但是，就合同节水管理领域而言，由于目前国家关于合同节水产业尚未形成规模，相应产业政策正在制定，尚未出台。目前的现状是银行融资难、效率和贷款规模均难以满足需求，社会资本不愿大量介入、标准化示范化项目难以大规模复制。主要原因包括：政策约束力低，倒逼机制尚未发挥应有作用；责任机制与激励机制不完善，相关配套制度建设未成体系；分类引导不足，尤其是对于尚不能完全按照商业化运作的项目，政府引导的资金支持及政策支持不明确，导致社会资本不愿投入；已取得成效的节水项目，宣传推广不足，导致节水示范效应不强、社会认知度不高；国内节水服务企业多为中小企业，属于轻资产、科技型，可抵押资产少，缺乏良好的担保，融资渠道少，融资能力弱；国家层面缺乏龙头型引导公司或企业联盟组织，导致各自为战，整合效果差、推广能力弱。

二、 现行融资方式概述

目前，我国基础设施建设和公共服务领域使用最多的融资方式主要是政府财政投资和银行信贷两种方式。党的"十八大"以来，随着城镇化进程的快速推进，基础设施建设和公共服务提供的需求日益增加。同时，为应对全球经济复苏缓慢，国家货币政策长期保持"有保有压"；地方债进入偿还高峰期，地方融资平台又被持续清理。在这一宏观背景下，基础设施建设和公共服务领域的融资需求与地方政府的融资能力之间的"供求矛盾"越来越激烈，亟待通过市场机制引入新融资模式，吸引社会资本参与。

我国在基础设施建设和公共服务领域引入社会资本的融资方式包括 BT 模式及其系列变形模式、PPP 模式和 EPC 模式。下面对几种模式进行简单介绍，为合同节水融资模式的设计提供参考和借鉴。

1. BT 模式

BT（建设-转让）模式是指：政府通过合同约定，将拟建设的基础设施项目授予企业法人投资建设，在规定的时间内，由该企业负责项目的投融资建设。建设期满，政府按照合同约定向该企业有偿收购该基础设施项目。BT 模式与传统贷款模式相比具有许多优势，见表 5-1。

表 5-1　　　　　　　　　　　　BT 模式与传统贷款模式对比

BT 模 式	普 通 模 式
融资服务对象广泛，融资环境宽松，融资成功率相对较高	商业银行贷款方式：银行放贷条件要求严格，大笔资金贷款成功率不高。国际金融组织或国外政府贷款方式：贷款对象严格，层层审批，贷款成功率极低
融资手续简单快捷，融资款可迅速到位	商业银行贷款方式：贷款手续复杂，办理期限长。国际金融组织或国外政府贷款方式：贷款申办手续繁杂，办理期限漫长
融资款分批到位，分期偿还，利息低。还款方式灵活，在项目中、后期可循环融资，减轻还款压力	商业银行贷款方式：还款期限严苛，资金一次性到位，不能分期偿还，利息高。不可循环融资　国际金融组织或国外政府贷款方式：资金分批到位，易受国际政治影响，虽然利率低，但不可循环融资
BT 模式政策明确支持，运作合法合规，程序上透明、公开。（需要项目发起人取得地方政府审批部门的授权批文，明确项目采用 BT 模式运作及招标方式）	项目直接招标，施工方由双方共同确定（不利于项目单位风险隔离）
BT 运作模式上，资金在具体使用上与项目单位没有直接牵连，实现风险隔离	项目资金的使用由双方共同确定（不利于项目单位风险隔离）
由中标公司统一运作，统一管理。费用包括在 BT 合同之内，减少了很多不必要的开支。也有利于项目单位集中精力对本单位工作的开展	项目由双方共同管理。项目单位增加了人员的开支，分散了项目单位的人力和物力
BT 模式（一次性招标），缩短了项目建设周期。项目的尽快投入使用，减少了很多中间环节，也相对减少了项目的成本，减轻了项目的还款压力	项目分批招标。延长了项目建设周期，增加了各方面不确定因素，不能确保在规定期限内按期交付使用
BT 模式更有利于对资金的总体控制，降低建设成本。（先行确定计价规则）	按工程量清单招标
规范管理，实现资源共享，工程质量和工期更有保障。由中标公司委派专业人员严格控制工程质量和进度，并由项目单位委托监理公司负责监理	工程质量和工程进度由双方共同负责
BT 模式有利于项目内部分歧的解决。（项目单位的合理建议，中标公司都会采纳，项目单位的立场更明确）	争议由项目小组协商解决

2. BOT 模式

BOT（建设-经营-移交）模式是对项目投融资建设、经营获得回报、期满后无偿转让的概括，典型形式就是项目所在地政府授予一家或几家私人企业所组成的项目公司特许权利，就某项特定基础设施项目进行筹资建设，在约定的期限内经营管理，并通过项目经营收入偿还债务和获取投资回报；约定期满后，项目设施无偿转让给所在地政府。BOT

模式在实际运用中，由于基础设施种类、投融资回报方式、项目财产权利形态的不同演变出 BOOT（建设-拥有-运营-移交）、BTO（建设-转让-经营）、BOO（建设-拥有-经营）等模式。

3. PPP 模式

PPP（Public-Private-Partnership）即公私合作模式。广义的 PPP 泛指公共部门与私人部门为提供公共产品或服务而建立的各种合作关系。

PPP 具有三大特征：第一是伙伴关系，私人部门和政府建立了项目合作机制和明确统一的目标；第二是利益共享，PPP 中公共部门与私营部门并不是简单分享利润，而是需要控制私营部门可能的高额利润；第三是风险共担，市场化运作要求享受利益同时应承担相应风险，但是在 PPP 模式中，不同参与方要发挥各自的优势尽可能降低可能出现的风险，帮助实现整个基础设施项目建设的成本和风险最小化。

4. EPC 模式

EPC（Engineering Procurement Construction）是指：公司受业主委托，按照合同约定对工程建设项目的设计、采购、施工、试运行等实行全过程管理或承包其中某几项工作，其他由发包人（业主）完成。EPC 模式中，设计不仅包括对具体工程项目的设计工作，还包括对整个建设项目的总体策划、整体工程的组织和实施管理等工作；采购不仅包括建筑设备材料的采购，更多的是指专业设备的采购；建筑包括施工、安装、调试、技术培训及售后服务等。EPC 在我国建筑施工领域比较常见，通过 EPC 对项目工程的勘查、设计、采购、施工、试运行实现全过程管理，对项目资源投入进行整体规划，对工程造价实现有效管控，并有利于在项目竣工后对项目实施整体后评价。

第二节　融资品种选择

合同节水管理是将市场机制运用于节水管理工作的创新模式，合同节水管理项目融资也应充分调动社会资本的参与积极性。在我国现行公共服务领域的融资模式中，EPC 和 PPP 模式均可适用于合同节水管理项目。

EPC 模式进行合同节水管理项目融资，用水户可以通过招投标，由专业的节水服务企业提供整体的规划设计、采购、工程施工、安装调试、试运行、售后服务等一揽子服务，通过合同管理有效控制工程造价，并有利于日后节水效益进行经济性评估。

PPP 模式则适用于规模较大、需求较稳定、长期合同关系较清楚的大型公共事业项目的节水改造，如政府机关及事业单位、医院、养老院、大型农业灌区等。使用 PPP 模式进行融资的形式是：由政府授予节水服务企业特许经营协议并接受水行政主管部门监管，实施合同节水管理，政府只需进行部分投资或补贴，剩余资金和后期运营资金全部由特许经营公司负责。

通过 PPP 模式，相关各方建立良好的合作关系，实现政府、节水服务企业、用水户三方共赢。对政府而言，既减轻了政府当期投资压力，又实现项目长期可持续运行，具有良好的社会效益。对用水户而言，在不出资金（或者少出资金）的前提下，既降低了用水量，减少了用水成本，获得了高效的节水服务，又能从政府的节水奖励或水权交易中获取相应收益。对节水服务企业而言，可以依托自身的人才优势、技术优势、产品优势、资金优势、规模优势和服务优势，通过项目运营水费分成、政府补贴获取合理的经济效益和社会效益。

第三节　节水融资的实践

2019 年，按照《国家节水行动方案》和《江苏省节水行动实施方案》的要求，江苏省创新建立节约用水绿色信贷机制，江苏省水利厅、江苏省财政厅联合商业银行在全国率先推出"节水贷"业务，支持节水减排示范项目、供水管网改造项目、非常规水源利用和节水服务等项目，搭建起全省节约用水和银行绿色金融共商、共促、共发展的桥梁和平台。"节水贷"既是响应《国家节水行动方案》的具体实践，也是贯彻绿色金融和策应银保监会关于"提升金融服务实体经济质效，发展普惠金融"的创新举措。

2020 年，又将"节水贷"业务扩展至支持节水型企业复工复产，江苏省水利厅、江苏省财政厅联合江苏银行、南京银行、兴业银行在"节水贷"业务平台上，推出节水型企业复工复产专项贷款，帮助企业恢复正常的生产经营和后续高质量发展。符合条件的节水型企业通过地方水利部门、财政部门或者合作银行省内分支机构均可提出申请，江苏省节约用水办公室对申请项目进行评估后，将符合"节水贷"支持方向的企业推送至合作银行，进入"节水贷"绿色通道。

"节水贷"以金融之水精准"滴灌"实体经济，惠及更多的节水型企业，为江苏省的水资源管理和节约型社会建设做出了贡献，值得其他地区学习借鉴。

第四节　拓宽融资方式的建议

在地方政府融资受限背景下，PPP 模式将成为未来我国水处理（自来水生产供应、污水处理）行业的主导经营模式，全国性水务集团将迎来以 PPP 模式为主的规模更大的兼并收购。饮用水确保安全、污水排放确保合格是国家环保的政策底线，行业处于高投资高增长周期，《水污染防治行动计划》将带动 3 万亿元投资需求。

一、　充分发挥政府资金的引导作用，建立多层次产业基金吸引社会资本

（1）政府层面设立合同节水管理产业引导基金，不以盈利为目的，起到引导和杠杆撬动作用。

（2）参照 PPP 机制引入社会资本，建立多层次产业引导基金；完善政府购买服务的流程和法律建议，完善特许经营权质押手续和法律保障。

（3）鼓励商业银行围绕引导基金，参与或自行成立相应产业基金，政府对基金给予税收、会计处理、最低收益保护、坏账退出等方面的优惠政策。

二、　鼓励金融机构加大对合同节水等节能环保领域的信贷投放

（1）对于商业性金融机构在合同节水机构投入的信贷资金，政府给予一定周期的贴息

补偿，并制定简便易行的操作办法便于实施。

（2）充分利用政策性银行等金融机构的利率政策优势，设立专项节水支持信贷规模，降低节水服务企业资金成本。

（3）引导商业保险机构开发"合同节水"信用保险产品，引导再保险机构建立对该类保险产品的风险分担机制。

三、 提升银行运作效率，建立绿色信贷通道和贷后快速处置通道

（1）银行加大合同节水管理项目信贷支持力度，简化申请和审批手续，建立绿色通道，提高处理效率。

（2）在国家相关政策基础上，引导银行完善合同节水信贷的专项管理办法出台。

（3）鼓励商业银行、政策性银行等出台各自的合同节水授信指引，鼓励建立绿色审批通道，并逐年对照考核。

（4）根据节水服务企业的融资需求特点，提升多种产品应用，拓宽担保方式范围，创新金融产品与服务。

1. 节水服务企业方面

除传统的针对节水服务企业的固定资产抵押贷款、项目贷款之外，还可以依托用水企业的资信实力，综合运用保理、融资租赁、订单融资、联保连贷，发债、信托、资产管理等模式为客户提供综合创新金融服务。

已建成运营并形成正常现金流的项目，可以采用项目未来收益权质押的方式，发放贷款解决融资需求；也可以运用多种资产证券化工具实现中长期资产转出，以获得流动资金开展新的节水项目。

对于拟建项目可以用未来收益权进行质押，通过银行项目贷款、发行项目收益票据等方式解决中长期资金需求。

2. 用水企业方面

通过强势用水企业对弱势节水服务企业增信的方式，锁定节水收益作为银行还款来源，可以采取用水企业出具保函、承诺收益兑现、确认应付账款等方式，对节水服务企业进行融资，盘活前期资金投入。

建立项目运营跟踪机制，建立资金流及信息平台，统一归集项目资金，有效实现对项目的经营的动态监控。

借鉴互联网金融思路创新合同节水金融服务，搭建合同节水服务数据化平台，聚合用水大户数据化需求信息，与节水服务优质企业库对接，建立网络化、电子化信息沟通和交易渠道，实现网络投融资与金融服务，打造线上、线下一体融资方式。

同时利用互联网平台，做好节水项目的推广及宣传，做好对节水效果好的方案及产品的宣传，做好对守信企业的宣传，形成良好的社会监督氛围并最终吸引更多的社会资本投入其中。

3. 政府及金融机构方面

政府牵头形成产业联盟，建立收购、并购平台和消化补偿机制，对于经营不善的项目通过多种方式予以消化，降低信贷风险。

鼓励发展改革及财政等部门，成立合同节水管理担保基金、补贴专户控制以及设备保购或调剂转让等多种模式，为金融机构融资提供风险缓释机制。

　　设立中国合同节水管理投融资交易平台，形成节水服务企业产业联盟，为联盟内企业提供兼并、收购、重组的商业机会。

　　发挥直接融资市场优势，扶植优势企业通过债券市场或资本市场上市解决融资困难，积极探索新兴债券市场产品应用（比如项目收益票据、资产支持票据），对于评级不够的项目可考虑政府增信或产业联盟增信。

　　对于具备一定规模与竞争能力的节水服务企业，搭建上市服务中介平台，帮助其在资本市场（新三板、创业、中小、主板）上市。

　　积极利用国外资金（基金、转贷款等）加大对合同节水管理项目的支持。可以考虑与世界银行、全球环境基金（GEF）等组织合作开发"中国节水融资项目"，通过转贷银行配套资金筹措低成本、长期限资金。

第六章　合同节水管理项目的财政奖励

第一节　合同节水管理项目奖励申报

目前，国家节约用水主管部门尚未建立合同节水管理项目奖励机制，工信部、国家发展改革委和国家机关事务管理局在前些年曾出台文件对合同能源管理项目进行奖励，但近几年也不再进行奖励。各地方有关部门对合同节水管理项目建立了相应的奖励机制，如内蒙古自治区水利厅曾在 2016 年前后针对高校合同节水管理项目予以每个项目最高 100 万元的奖励；湖北省武汉市节约用水办公室在 2019 年前后曾对高校合同节水管理项目予以由市财政支付方案编制费用的奖励；浙江省杭州市《杭州市节约用水技术改造专项资金管理办法》规定可按照节水项目实际投资额的 15%～30% 予以补助，单个项目的补助额最高可以申请到 100 万元；福建省部分地区也在节能专项资金奖励中明确发对合同节水管理项目的奖励。

各用水单位、合同节水服务企业应主动向项目所在地工信、节水、机关管理部门咨询相关奖励政策。以福建省泉州市节能专项资金奖励为例，简单介绍合同节水管理项目的申报。

《泉州市工业和信息化局泉州市财政局关于组织申报 2020 年省级节能专项资金奖励项目的通知》(泉工信能源〔2020〕68 号)，明确对合同节水管理项目进行奖励。

申报原则：①符合国家产业政策，项目依附或改造的主体不属于国家产业政策明令淘汰目录；②示范和带动作用明显，项目实施后具有显著的节能、节水、节材等提高能源资源利用效率和减少污染物排放的效果，在行业内或某一地区具有较好的示范意义，对节能循环经济工作有较强的带动作用；③合同节水管理项目必须为泉州市辖区内的项目；④节水项目（含合同节水管理项目）投资额必须在 100 万元以上（含 100 万元）；⑤项目已建成投产，且建成后已稳定运行 3 个月以上。

补助标准：节水项目结合节水量和投资规模给予每项不超过 20 万元的奖励。

项目采取网上申报与书面申报相结合的方式。

第 二 节　用 水 单 位 节 水 奖 励

为加强节约用水管理工作，充分调动各单位和个人节约用水的积极性和主动性，形成全社会关注、支持和参与节水的良好氛围，促进水资源的合理开发利用，广东、浙江、北京等地都出台了相应的节约用水奖励地方性法规、规定。北京市出台的《北京市城镇节约用水奖励办法》《北京市节约用水办法》由北京市人民政府颁布，明确规定进行节水设施建设的单位可以按照有关规定申请减免防洪费。广东省各地市都出台了具体的节约用水奖励办法，以深圳市为例，深圳市水务局会同深圳市财政委员会制定了《深圳市节约用水奖励办法》，明确"节水建设奖"按照单位用户实际投入节水设施建设资金的50％给予奖励，获得"节水型企业（单位）"称号的最高奖励金额最高可以申请到150万元，其他单位用户最高奖励金额可以申请到100万元。"节水效益奖"按照单位用户的节约效益水量确定，每立方米节约效益水量奖励金额为3元，最高奖励金额可以申请到50万元。

第三节　合同节水服务企业奖励申报

对认定为高新技术企业、绿色环保企业的合同节水服务企业，很多地方政府也出台了扶持奖励政策。

北京市对首次认定为国家级高新技术企业的，一次性奖励5万～30万元不等的奖励。上海市对入库的高新技术企业给予一次性20万～200万元的支持。天津市对首次获批的国家级高新技术企业，给予30万～50万元奖励。江苏省对首次认定为高新技术企业的企业不低于30万元的培育奖励。

佛山市南海区针对环保企业也出台了扶持和奖励办法。对注册资本3000万元及以上，且注册成立3年内的任一年度营业收入达到1000万元以上的环保企业，可获一次性50万元奖励；将总部或省级及以上区域总部的注册地新迁入南海，且注册成立后3年内任一年度营业收入达到2000万元的环保企业，给予一次性100万元奖励；主板上市环保企业将总部或省级及以上区域总部注册地新迁入南海，且注册成立后3年内任一年度营业收入达到5000万元给予一次性500万元奖励，营业收入达到10000万元给予一次性1000万元奖励；新成立环保企业租用生产经营场所，且效益良好，前3年分别按租金的50％、40％、30％给予资金补助。

第七章　合同节水管理项目的税收优惠

第一节　项目认定范围及申报条件

一、企业所得税税收优惠政策

1. 节能环境保护方面

（1）环境保护、节能节水和安全生产专用设备抵扣。根据《中华人民共和国企业所得税法》第三十四条、《财政部国家税务总局关于执行环境保护专用设备企业所得税优惠目录节能节水专用设备企业所得税优惠目录和安全生产专用设备企业所得税优惠目录有关问题的通知》（财税〔2008〕48号）相关规定，企业自2008年1月1日起购置并实际使用列入目录范围内的环境保护、节能节水和安全生产专用设备，可以按专用设备投资额的10%抵免当年企业所得税应纳税额。

（2）节能节水项目所得减免。根据《中华人民共和国企业所得税法》第二十七条、《财政部国家税务总局国家发展改革委员会关于公布环境保护节能节水项目企业所得税优惠目录（试行）的通知》（财税〔2009〕166号）规定，企业从事符合条件的环境保护、节能节水项目的所得，自项目取得第1笔生产经营收入所属纳税年度起，第1年至第3年免征企业所得税，第4年至第6年减半征收企业所得税。

（3）节能服务公司合同能源管理项目减免。根据《财政部国家税务总局关于促进节能服务产业发展增值税营业税和企业所得税政策问题的通知》（财税〔2010〕110号）规定，对符合条件的节能服务公司实施合同能源管理项目，符合《中华人民共和国企业所得税法》有关规定的，自项目取得第1笔生产经营收入所属纳税年度起，第1～3年免征企业所得税，第4～6年按照25%的税率减半征收企业所得税。《财政部、国家税务总局关于将铁路运输和邮政业纳入营业税改征增值税试点的通知》（财税〔2013〕106号）附件3《营业税改征增值税试点过渡政策的规定》第1条规定，符合条件的节能服务公司实施合同能源管理项目中提供的应税服务免征增值税。

（4）清洁基金收入减免。根据《财政部国家税务总局关于中国清洁发展机制基金及清洁发展机制项目实施企业有关企业所得税政策问题的通知》（财税〔2009〕30号）规定，对清洁基金取得的相关收入，免征企业所得税；CDM项目实施企业按照规定比例上缴给国家的部分，准予在计算应纳税所得额时扣除；企业实施的CDM项目的所得，自项目取得第1笔减排量转让收入所属纳税年度起，第1～3年免征企业所得税，第4～6年减半征收企业所得税。

2. 资源综合利用方面

根据《中华人民共和国企业所得税法》第三十三条、《财政部　国家税务总局　国家发展和改革委关于公布资源综合利用企业所得税优惠目录（2008 年版）的通知》（财税〔2008〕117 号）规定，企业自 2008 年 1 月 1 日起以《资源综合利用企业所得税优惠目录（2008 年版）》规定的资源作为主要原材料，生产国家非限制和非禁止并符合国家及行业相关标准的产品取得的收入，减按 90％计入企业当年收入总额。

二、 个人所得税税收优惠政策

根据《中华人民共和国个人所得税法》第四条规定，省级人民政府、国务院部委和中国人民解放军军以上单位，以及外国组织、国际组织颁发的科学、教育、技术、文化、卫生、体育、环境保护等方面的奖金，免纳个人所得税。合同节水管理行业从业者获得省部级奖励的，可以免纳个人所得税。

三、 车船税税收优惠政策

根据《财政部 国家税务总局 工业和信息化部关于节约能源 使用新能源车船车船税优惠政策的通知》（财税〔2015〕51 号）规定，自 2015 年 5 月对于纯电动乘用车和燃料电池乘用车统一不征车船税。对列入《享受车船税减免优惠的节约能源使用新能源汽车车型目录（第三批）》的节约能源汽车，减半征收车船税；对列入目录的使用新能源汽车，免征车船税。

第 二 节 项 目 申 报 程 序

一、 从事符合条件的节能节水项目所得减免企业所得税

1. 备案时间

（1）资格备案：纳税人应在取得第一笔收入后 30 个工作日内向主管税务机关递交备案申请。

（2）确认备案：纳税年度终了后至报送年度纳税申报表前向主管税务机关递交备案申请。

2. 备案资料

（1）《企业所得税优惠政策备案报告表》。内容包括：纳税人基本情况、从事符合条件的环境保护、节能节水项目经营情况、项目核算情况、预计经营所得情况、政策依据等。

（2）每个项目对照《环境保护、节能节水项目企业所得税优惠目录》提供证明环境保护、节能节水项目符合规定范围、条件、技术标准的相关证明材料。

（3）取得第一笔收入的证明资料。

（4）项目转让的，受让方应提供项目转让协议、出让方取得第一笔收入年度及享受减免税情况说明。

（5）税务机关要求的其他资料。

二、 节能服务公司实施合同能源管理项目收入暂免征收增值税

1. 申请条件

同时满足下列条件：

（1）具有独立法人资格，注册资金不低于 100 万元，能够单独提供用能状况诊断、节能项目设计、融资、改造（包括施工、设备安装、调试、验收等）、运行管理、人员培训等服务的专业化节能服务公司。

（2）节能服务公司实施合同能源管理项目相关技术应符合国家质量监督检验检疫总局和国家标准化管理委员会发布的《合同能源管理技术通则》（GB/T 24915—2020）规定的技术要求。

（3）节能服务公司与用能企业签订《节能效益分享型》合同，其合同格式和内容，符合《中华人民共和国合同法》和国家质量监督检验检疫总局和国家标准化管理委员会发布的《合同能源管理技术通则》（GB/T 24915—2020）等规定。

（4）节能服务公司实施合同能源管理的项目符合《财政部 国家税务总局 国家发展改革委关于公布环境保护节能节水项目企业所得税优惠目录（试行）的通知》（财税〔2009〕166 号）"4. 节能减排技术改造"类中第一项至第八项规定的项目和条件。

（5）节能服务公司投资额不低于实施合同能源管理项目投资总额的 70%。

（6）节能服务公司拥有匹配的专职技术人员和合同能源管理人才，具有保障项目顺利实施和稳定运行的能力。

2. 所需资料

（1）年度汇算清缴纳税申报结束前备案资料。

1）《企业所得税优惠事项备案表》。

2）国家发展改革委、财政部公布的第三方机构出具的合同能源管理项目情况确认表，或者政府节能主管部门出具的合同能源管理项目确认意见。

（2）以下资料由企业留存备查，但如果年度汇算清缴结束后，企业已经享受税收优惠但未按照规定备案的，补办备案手续时，应同时提交以下资料：

1）合同能源管理合同。

2）国家发展改革委、财政部公布的第三方机构出具的合同能源管理项目情况确认表，或者政府节能主管部门出具的合同能源管理项目确认意见。

3）项目转让合同、项目原享受优惠的备案文件（项目发生转让的，受让节能服务企业）。

4）项目第一笔收入的发票及作收入处理的会计凭证。

5）合同能源管理项目应纳税所得额计算表。

6）合同能源管理项目所得单独核算资料，以及合理分摊期间共同费用的核算资料。

第三节 监 督 管 理

从享受税收优惠政策的现状来看，合同节水服务行业不仅没有针对性的专门政策支持，还被排除在多数环境保护和资源节约综合利用产业所普遍适用的优惠政策范围之外，

行业所享受到的税收扶持力度很小。

节水专用设备投资额抵免和研发费用加计扣除是合同节水服务企业所能享受到的现行税收优惠政策，优惠载体都是企业所得税。同时，一些面向环保节能节水行业的优惠政策并未将合同节水模式纳入其适用范围内。如《财政部 国家税务总局关于公共基础设施项目和环境保护、节能节水项目企业所得税优惠政策问题的通知》（财税〔2012〕10号）中所限定的节水项目仅包括城镇污水处理类，分为城镇污水处理和工业废水处理。合同节水管理项目所对应的生活、工业、农业、生态环保用水的节约并不在这一范围中。

合同节水管理模式能够激发节水内生动力，是充分利用市场原则高效合理配置水资源的有力措施，对建设节水型社会具有重要意义，应大力推广。但是，这一模式也受现行的水市场环境和行业自身的特点的限制，在推广中需要政府加以鼓励和引导。从我国水市场的环境来看，各地区的水价改革尚在推进，水权制度仍在建立和健全，因此企业节水的意愿并不强烈，节水服务企业的利润空间也有限。这就需要政府给予节水服务企业适当的税收减免，提升其利润空间，同时给予用水企业适当的补贴和税收政策，鼓励其积极参与节水项目，培育合同节水市场。从合同节水行业自身的特点来看，合同节水管理项目投资额大、投资周期长、投资回报相对较低，同时投资回收还受到用水单位自身经营存续情况的影响，因此社会资本投资的风险高、回报低。同时，这一新兴行业的从业公司多数为近年新创立的企业，或新近开展合同节水业务的企业。这些公司从事合同节水管理项目的经营管理经验不足，抗风险能力较低。这就要求政府利用税收扶持政策减轻企业发展初期的资金负担，帮助企业增强抗风险能力，激励节水服务企业健康可持续发展。

除鼓励节水产业发展的优惠措施外，还应鼓励节水器具和技术的研发，使利用水效率的不断提高和节水行业的可持续发展。我国已经出台多项支持科技创新的税收优惠政策，但是这些政策多集中在特定的高新技术行业（如软件业）和高新技术企业中，很多从事节水器具研发、节水技术创新的节水企业难以达到现有政策要求的门槛，无法享受到已有的优惠政策。这就要求相关部门参照我国现行的针对高科技行业和企业的政策，明确更多针对节水企业的鼓励科技创新的税收优惠政策。

合同节水管理涉及的企业包括节水服务企业、用水企业和节水器具及技术生产企业3类。为了实现节水服务行业整体协调健康发展，税收扶持政策的设计应统筹考虑节水服务企业、用水企业、节水器具及技术生产企业3类企业需求，构架完整的税收优惠政策体系。

第八章　合同节水管理项目
成功案例介绍

合同节水管理是指节水服务企业与用水户以合同形式，为用水户募集资本、集成先进技术，提供节水改造和管理等服务，以分享节水效益方式收回投资、获取收益的节水服务机制。

2016年，国家发展改革委、水利部、国家税务总局发布《关于推行合同节水管理促进节水服务产业发展的意见》，提出到2020年，合同节水管理成为公共机构、企业等用水户实施节水改造的重要方式之一，培育一批具有专业技术、融资能力强的节水服务企业，一大批先进适用的节水技术、工艺、装备和产品得到推广应用，形成科学有效的合同节水管理政策制度体系，节水服务市场竞争有序，发展环境进一步优化，用水效率和效益逐步提高，节水服务产业快速健康发展。

其中，《关于推行合同节水管理促进节水服务产业发展的意见》明确在高耗水工业中广泛开展水平衡测试和用水效率评估，对节水减污潜力大的重点行业和工业园区、企业，大力推行合同节水管理，推动工业清洁高效用水，大幅提高工业用水循环利用率。

本章编辑整理了8家学校、2家医院、2家机关单位、3家高耗水工业企业、1个农业项目、1个水环境项目的合同节水管理模式，以飨读者。

第一节　高校类合同节水管理项目案例

众所周知，我国高校数量多、人员集中，用水量相对较多，节水潜力较大。为贯彻落实党的十九大精神和"节水优先、空间均衡、系统治理、两手发力"新时期治水思路，按照《国家节水行动方案》要求到2022年建成一批具有典型示范意义的节水型高校目标，近年来全国各地高校都进行了合同节水管理模式的实践探索。

一、 河北工程大学合同节水试点项目

1. 学校基本概况

河北工程大学地处河北省邯郸市。邯郸是一个缺水的城市，全市1995—2000年多年平均降水量为548.9mm，全市多年平均水资源量为17.1855亿m^3，其中山丘区水资源量8.1050亿m^3，平原区水资源量9.0805亿m^3。河北工程大学既是河北省重点骨干院校，更是河北省与水利部共建院校，具有作为试点的代表性。校园总占地面积2336亩，有主校区、中华南校区、丛台校区、洺关校区4个校区。

河北工程大学改造的两个校区有学生和教职工共3.79万人，改造前年用水量约304万m^3，年用水费约1079万元，人均用水量约220L/d（远超邯郸市高校用水定额

85L/d），具体数据见表8-1。而且随着学校各项事业的发展，特别是校园面积的扩大，用水量还将以较大增幅持续增加。

表8-1　　　　　　河北工程大学项目区建筑面积、人数及用水量统计表

名　称	位　置	建筑面积/m³	人数/人	用水量/m³	水费/元
主校区	主校园	209169	11405	1236277	4388783
	东校园	148885	11913	802275	2848076
	西校园	99443	3534	306500	1088075
	家属院	106210		65729	233338
中华南校区	中华南	90651	4986	609932	2165259
	家属院	30663		20102	71362
合　计				3040815	10794893

在实际调研中发现，河北工程大学目前用水量较大的主要原因有：老校区部分建校历史较长，地下管网破损，导致管网漏失率较高；用水方式和管理水方式粗放，终端洁具90%都是旧式不节水洁具；地上管路破损报修不及时，学校随时可见水管破损漏水现象。

2. 商务模式

节水服务企业北京国泰节水发展股份有限公司（以下简称"国泰节水"）通过融集社会资本投资（北京中水新华灌排有限公司和深圳大能科技有限公司参与了项目投资）958万元进行节水改造，合同期内系统的运行维护，由国泰节水负责，从节约的水费中每年提取70万元作为运行费用，双方共同约定保证达到35%的节水率。项目采用节水效益分享型模式，合同期为6a，前3年节约的水费全部归国泰节水所有，后3年节约的水费由国泰节水与河北工程大学共同分享收益，国泰节水的收益比例分别为80%、70%和50%。

3. 技术集成及实施内容

技术集成是合同节水管理项目的重要环节，河北工程大学合同节水管理试点项目主要集成运用了以下节水技术：

一是管网检测与改造技术。管网检测与改造技术是通过检测挖掘供水管网漏失点进而通过堵漏、管道更新降低管网漏失率，减少输水浪费，从而实现节水的综合技术。管网漏失是学校用水浪费比较严重的环节，国泰节水对大学项目区的地下管网进行了全面检测，发现漏失点近40个（综合水量漏失高达90m³/h），对漏失点进行了修补，同时对项目区老旧管网超过3000m进行了更新改造。

二是终端洁具节水技术。终端洁具节水技术是通过减少用水终端器具的单位流量（不影响使用感观）而达到节水目的的节水技术。调研发现，高校用水中生活用水比重最大，河北工程大学的用水洁具包括龙头、花洒、马桶、冲厕设施等都比较老旧，耗水量较高，如水龙头改造前每分钟流量多为15～25L，项目节水改造后，每分钟流量不到10L，节水率达50%以上。项目共改造节水龙头6590余只，节水小便斗（槽）660个，感应小便槽240套，安装蹲坑节水阀4347个。

三是供水实时监控技术。供水实时监控技术是通过对各用水单元布设在线仪表和检测仪器，从而实现实时监测各单元用水状况的技术。供水实时监控便于实时发现供水环节的漏失与不合理用水事件，减少供水管理环节的水浪费。国泰节水完善了河北工程大学的远传水表及中央控制系统的建设，实现了学校供水系统的无缝实时监控。

四是其他节水技术。项目同时对中水利用、无水小便池等技术进行了对比试验。

4. 节水效果与效益分析

河北工程大学合同节水管理试点项目自 2015 年 1 月 1 日动工（同年 3 月 31 日竣工），到现在项目运行超过 10 个月。根据河北省邯郸市自来水公司提供的实际收费数据，2015 年 3—11 月的用水量与去年同期相比，节水效果明显，平均节水率达 47% 左右（见表 8-2）。根据项目实际运行情况，按照邯郸市 2015 年 5 月实行的新水价 3.98 元/m³ 测算，2015 年 3—11 月实际平均节水率 47%，河北工程大学 9 个月共节约水费约 340 多万元，后水价又再次上调至 5 元/m³。根据河北工程大学水费支付发票统计，2015 年 4 月到 2019 年 4 月项目运行 4 年的总计节水 613 万 t，已经节省 2636.38 万元，4 年内的节水率都在 45% 以上，平均节水率高达 49.55%，运行情况十分稳定。如果按 4 年平均实际运行数据计算，在合同期内（6 年）河北工程大学可实现节水 920 万 m³，按照 5 元/m³ 水价计算，共节约水费 4600 万元。

表 8-2　　　　　　　　河北工程大学合同节水管理项目运营情况统计表

年　份	用水量/万 t	节水量/万 t	节约水费/万元	节水率
2015 年 4—12 月	121.2	112.8	400.58	48.2%
2016 年	164.1	138.3	550.45	45.7%
2017 年	135.1	167.3	719.67	55.3%
2018 年	157.3	144.8	708.73	47.9%
2019 年 1—4 月	46.5	49.8	256.95	51.7%
合计	624.2	613	2636.38	49.55%

北京国泰节水发展股份有限公司收益分析方面：项目完成后由国泰节水负责项目运营并承担相应的费用，项目运营的年运行费用约为 70 万元/年，按合同节水率 35% 计算，节水服务企业的现金流量情况见表 8-3。根据表 8-2 计算，合同期内节水服务企业共获得收益 742 万元。节水服务企业的内部财务收益率为 22%，获得了很好的经济效益。

表 8-3　　　　　　　　节水服务企业现金流量测算表　　　　　　　　单位：万元

项目合同期		第一年	第二年	第三年	第四年	第五年	第六年
现金流出	投资	958	0	0	0	0	0
	运管	70	70	70	70	70	70
现金注入		424	424	424	339	297	212
净现金流量		−604	354	354	269	227	142
累计净现金		−604	−250	104	373	600	742

河北工程大学收益分析方面：按 2015 年的实际运行数据 47% 的平均节水率计算，合同期内可实现节水 860 万 m³，共节约水费 3422 万元。河北工程大学扣除合同期内应向节水服务企业方面支付的 2120 万元收益，共减少水费支出 1302 万元，同时节省供水运营成本 420 万元。

项目按合同约定的 47% 的节水率计算，按水处理每立方米水基建费 3000 元计算，可节省排污基础设施投资费用约 1178 万元。按照每立方米供水基础设施建设成本 2000 元，高日供水系数 1.3 测算，可以减少基础设施投资费用 1021 万元。仅上述两项即可减少社会基础设施投资费用 2199 万元。

在双方获得经济效益的同时，该项目获得的社会效益也颇多：根据 2014 年河北省万元工业增加值耗水 17.5t 测算，年节省 150 万 t 水可以支撑 8.6 亿元的地区工业增加值或解决 2.9 万人的生活用水。另外，邯郸市自来水水源较大一部分来自地下水开采，市区自来水水源 3/4 为抽取地下水，通过此次合同节水改造后，可减少地下水超采量，从而减少地下水超采量，邯郸市地下水超采状况得到改善。按每使用 1t 清水产生 0.7t 污水计算，河北工程大学 6 年减少排污 631.4 万 t，对缓解地下水超采、减轻环境污染具有重要作用。

本次合同节水改造带动大量社会资金，直接解决就业人数 300 余人。

同时，该项目还构建了"监、管、控"三位一体的节水系统，实现了节水集成创新。试点项目从理论研究、技术集成、洁具改造、管网改造、监控平台、产品展示、文化建设、运营模式等方面，有效集成了节水的各种要素，实现了实时监测、无线传输、数据分析、峰值报警等在线监测，提升了标准化、精细化、智能化、专业化的管理水平，构建了"监、管、控"三位一体的节水系统及合同节水管理这一市场化模式。

此外，该项目的实施也成功打造了河北工程大学的节水文化。通过组织开展合同节水管理研究，讲座报告，节水宣传产品设计，拍摄节水微电影、视频、动漫画，组织编写《节水》教材，开设课程等丰富的系列活动，不间断地宣传、教育和引导，使学校师生养成主动节水的习惯，提升了节水意识，对于加快节水型社会建设具有十分重要意义。

二、武汉商贸职业学院合同节水管理项目

2017 年 6 月 20 日，武汉商贸职业学院与深圳万城节能股份有限公司（以下简称万城节能）签订合同，约定以合同节水管理模式对学校进行节水改造。于 2017 年 9 月 6 日完成合同约定的所有改造内容并自检合格，2017 年 9 月 13 日通过工程验收。

1. 用水单位概况

武汉商贸职业学院是经湖北省人民政府批准，教育部备案的全日制普通高等学校。学校设 13 个学院，开设了 40 多个专业及专业方向，现有在校生约 10800 余人，教职员工约 1500 人。学校是标准的学生公寓，分为四人间和六人间两种户型。

根据校方提供数据，2016 年年用水约 75.18 万 t。校方校办纯净水厂及商业街、学生食堂用水单独计量，校方年实际用水量约 68 万 t，年人均用水 63t，人月均用水 5.25t，现行水价 2.47 元/t。

2. 商务模式

为缓解校方的财政压力，该项目的合作模式采用合同节水管理模式，即该模式的节能

改造项目的前期踏勘、方案制定、建设资金、产品定制采购、项目建设及合同期内运维等均由万城节能负责。项目改造完成产生的节能效益按照合同约定比例与校方分享，该项目合同期限为 10 年，合同期结束后，万城节能投入的节水设备、平台以及其他服务所有权全部移交给校方。

3. 技术集成与主要改造内容

对武汉商贸职业学院节水工程包括为 2～13 号、15 号学生宿舍楼和第一教学楼、第二教学楼、图书馆、科技楼、幼儿园、体育馆等公共区域的水龙头、小便器、蹲便器的冲水阀门进行节水改造，以及对校园供水管道的漏损进行检测、维修或更换，建立学校节水管理系统。改造内容包括更换节水设备、漏点检查维修及恢复、修补水箱、安装远程智能水表、搭建节水管理平台等工序，综合节水率达到 32.07%，节水成效显著。

4. 节水效果与效益分析

项目改造完成后，通过现场测算改造后的综合节水率为 32.07%，根据年均用水量为 68 万 t 计算，预计年节省用水量为 21.81 万 t 水，按照水单价 2.47 元/t 计，预计年节省用水费用 53.86 万元，万城节能项目投资 285.97 万元，静态回收周期为 6.34a。此次节水改造得到了校方的积极配合和大力支持，改造效果也得到了在校学生教师的高度评价和认可。

此次改造万城节能采用专业节水设备，定制设计生产，保证节水设备质量，保证节水率，并配合安装智能远程水表和搭建智能管理节水平台，通过免费更新节水设备不仅大大提高了校方用水环境，同时产生可观的节水效益。项目建设校方零投入，避免了校方的财务风险，为响应国家节能减排特别是节水的推广起到了带头模范作用，属于节能减排、低碳概念，真正造福人类的民生工程。

三、 南昌大学合同节水管理项目

在实施合同节水管理前，南昌大学年用水量严重超标。2013—2016 年，平均用水总量为 977 万 t，大大超过高校的用水定额水平，存在严重的明漏和暗漏现象，亟须降低用水量。为此，江西省南昌市节水办向南昌大学后勤主管部门介绍推荐合同节水管理模式。

南昌大学采用合同节水管理模式将校园用水管理委托管理给第三方节水服务企业，主要开展了地下给水管网的漏水探查及相关的管理工作，工程范围为南昌大学前湖校区、东湖校区及青山湖校区室外所有给水管网。投资金额（合同金额）为每年不超过 48 万元，共两年；运营期限自 2016 年 7 月 1 日起至 2018 年 6 月 30 日止。该项目采用节水效益分享型，年节水量 50 万 t 以下，节水服务企业分享节约水费的 15%，年节水量大于 50 万 t 小于 100 万 t，节水服务企业分享节约水费的 25%，水费以 2.4 元/t 计。

节水服务企业根据漏水探查技术方案进行为期两年反复不断的漏水探查，对经常漏水严重的区域如前湖校区的学生公寓、信工楼、环境楼、建工楼等重点漏水区域反复探查，一般 20～30d 一次。两年时间内，南昌大学校园漏水探查工作取得了巨大的成效：2016 年 7 月—2018 年 6 月共查探出漏水点 125 处，共节水 566.59 万 t，按照水价 2.4 元计算，共节约水费 1359.81 万元。两年合同节水管理项目成本为 96 万元，直接经济效益为 1260.81 万元，为南昌大学挽回较大经济损失，大幅度降低了用水成本。

实施合同节水管理1~2年后，用水户单位的年度总用水量就很难下降了，续签合同时就需要采用节水效果保证型模式，即专业查漏公司与用水户签订节水效果保证合同，专业查漏公司保证通过查漏控制用水户的年度总用水量不反弹，达到约定节水效果，用水户支付委托管理（漏水探查）费用，未达到约定节水效果的，由专业查漏公司按合同对用水户进行补偿扣除。

四、深圳职业技术学院合同节水管理项目

2016年7月，国家机关事务管理局与国家发展改革委印发《公共机构节约能源资源"十三五"规划》，首次确定了全国公共机构人均用水量下降15%的工作目标。深圳被选定为"十三五"全国公共机构实施节水的示范城市，深圳市的公共机构在"十三五"需完成人均用水下降17%的节水目标。2017年4月13日，深圳职业技术学院被深圳市机关事务管理局选定为全市第一个实施"综合节水改造"和公共机构实现"十三五"节水指标的示范单位。2017年12月28日，深圳科信洁源低碳环保科技有限公司（以下简称科信洁源）与深圳职业技术学院正式签订"深职院综合节水改造项目"服务合同。

据了解，深圳职业技术学院两个校区3年平均在校学生人数15085人，年平均总用水量113.8万t，年均水费约567万元。通过现场调查和检测以及对用水数据的整理和分析，两个校区主要存在以下问题：宿舍冲厕用水浪费、宿舍接水水龙头造成的浪费、宿舍淋浴用水浪费、洗手用水浪费、公共区域冲厕浪费、管道漏水浪费、供水压力不平衡造成浪费、管理不完善造成浪费。

项目采用合同节水管理方式，即学院不投入资金、不承担风险，由科信洁源公司全额投资实施两个校区的综合节水改造，合同期产生的节水收益双方按比例分配，合同期内所涉及节水改造的事项全部由科信洁源负责维护，合同结束后，科信洁源所投入的设备、设施和器具将全部无偿完好地移交给学院。项目投资金额为490.5万元，实现最低年节水率30%，节水效益分享比例为95%，合同期为10a。

该项目主要针对留仙洞和西丽湖的宿舍和公共区域进行节水改造实施，主要包括：供水管网探漏维修（探漏维修20个点，更换主供水管70m、进水主管15m）；用水器具改造（对两校区3091间宿舍和所有公共区域中不达标、用水浪费较大、已损坏的终端用水器具，采用达标的定制节水器具进行更换）；搭建了两校区的供水管网的"监、管、控"平台，该平台实现了对两校区供用水系统的智能化监测、管理、控制，使学校用水管理实现了安全稳定供水、可视化和智能化管理，减少和避免了漏损，同时提高了预警及应急管理能力，降低了能耗和人工成本，达到科学智慧运营管理的目的。

通过该项目的实施，深圳职业技术学院终端用水器具100%达到国家节水器具标准要求；年综合节水率达到30%以上；超额完成人均用水量下降17%的指标；人均用水量小于国家高校定额标准；实现供水用水智能化管理。项目的实施也为该学校带来了一定的经济效益，年节约水费170万元以上，年节约用水维护费35万元。项目验收后，2018年7—9月，原用水量基数26万t，改造后实际水量16万t，节水10万t，季度综合节水率为38.4%，节省水费50万元。

不过，据介绍，该项目在推进过程中还存在一些问题。一是节水宣传力度不足；推动

节水服务产业的发展是一个全民动员的伟大事业，也是一个市场容量巨大的新兴产业，从人员密集的高校推行节水具有重大的教育效益、经济效益和社会效益。然而，校内的宣传远没有社会整体的宣传来得更有力度，更容易让人们意识到节水的重大意义。

二是合同节水需要庞大的资金支持；综合节水项目一次性投资、分期收回，这种投资模式需要庞大的资金支持，任何一个企业也不可能依靠自有资金运营开展节水技术改造。对于庞大的节水市场，自有资金只是杯水车薪。

此外，由于项目所涉及的给水管网老旧程度不尽相同，技术把控至关重要，否则将会使改造情况复杂化，增加投资成本。因此，建议强化节水技术支持，对合同节水服务企业技术水平进行严格把关。

五、 宁夏大学合同节水管理项目

宁夏大学是宁夏回族自治区内最大的一所综合性大学，年用水量 130 万 m^3，也是宁夏用水规模最大的公共机构。其中，贺兰山校区日均用水量约 $1500m^3$，年用水总量约 50 万 m^3，年水费约 140 万元。此外，贺兰山校区年均缴纳景观湖补水水费约 15 万元。

为解决宁夏大学贺兰山校区用水问题，2017 年 12 月，宁夏大学与宁夏元蔚环保科技有限公司（以下简称元蔚环保）合作开展合同节水管理试点，由宁夏元蔚环保科技有限公司建设日处理能力 600t 的分布式污水（中水）处理站，收集校区内文科楼、1 号公寓、2 号公寓冲厕污水、盥洗室废水、浴室排水等各类废污水，集中进行废污水处理，生产符合水质标准的中水，替代校区办公大楼和公寓楼的冲厕用水、文科楼周边绿化灌溉用水以及校区景观湖补水。

元蔚环保于 2018 年 2 月先期在贺兰山校区安装一台日处理能力 50t 的污水处理中水回用一体化设备进行试运行。自该设备试运行以来，9 个月共处理校区生活污水 14000t，生产中水 13500t，全部回用于校园 $15000m^2$ 的绿化灌溉和道路洒水，出水水质 BOD（生物需氧量）、总氮、总磷达到地表水 Ⅳ 类标准，COD（化学需氧量）、氨氮达到地表水 Ⅲ 类标准。预计投入日处理能力 600t 的污水处理中水回用一体化设备后，校区生活自来水用量可由原来的年均 41 万 m^3 下降至 31.57 万 m^3，年均减少自来水用量 9.43 万 m^3，按现行自来水价格 3.47 元/m^3 进行计算，年均减少水费支出 32.7 万元；年均减少 7.8 万 m^3 用于景观湖补水的黄河水；年均生产中水 20.23 万 m^3，可用于冲厕、绿化和金波湖补水。总计年均节约用水 17.23 万 m^3，节约用水资金 59 万元，经济效益较为显著。

据了解，该项目在探索开展合同节水管理的过程中，有 3 个因素对推广采用合同节水管理产生了较大影响：一是受水价偏低、投资回报周期长、风险偏大等诸多因素影响，第三方节水服务企业对通过合同节水管理方式投入节水改造顾虑重重，动力不足；二是用水单位对合同节水管理认识还有待于提高，对采用合同节水管理积极性不高；三是在公共机构领域，存在用水"实报实销"的情况和节省水费无法与第三方节水服务企业分享的情况，这也对推行合同节水管理带来影响。

对此，建议在推广合同节水管理项目过程中要进行深入研究，建立财政、税收、信贷等有效支持机制，从国家层面出台合同节水管理激励政策，切实激发用水主体和第三方节水服务机构的内生动力。同时，开展合同节水管理国家试点，为全国大规模推广合同节水管理积累经验并树立示范。

六、 南京外国语学校 "用水费用托管型" 合同节水管理项目

南京外国语学校仙林分校（以下简称"南外仙林分校"）位于南京仙林大学城，学校面临严重的漏水问题，管网暗漏存在严重的次生灾害风险，修漏效果不明显，缺乏有效的管理技术工具。虽然学校重视节水工作，通过加强管理，用水量有下降趋势，但是整个校园的漏水量仍在逐年增加。学校夜间最小流量约 $10m^3/h$，每天流失 200 多 m^3，不含超计划累进加价水费，仅漏水一项学校就需支出近 25 万元。由于学校长期无法定位漏水点，在 2 年时间内，请专业水务公司进行了 10 余次维修，都未能解决漏水问题，损失还在加剧，常规技术手段无法解决。

为解决这一难题，2018 年 8 月 15 日，经南京市节水管理部门协调推进，南外仙林分校与中国联通南京分公司正式签署"南京智慧校园 DMA 分区计量物联网管理系统与合同节水服务合同"。合同节水模式采用用水费用托管型，合同期为期 10a，合同总金额 950 万元。中国联通南京分公司通过布设智能水表提供 DMA 分区计量管理系统，建设节水型智慧校园，为学校提供水费全包干的"保姆式"全包服务，帮助学校解决长期存在的超定额用水、管网漏水及可能引发的次生灾害风险等问题，达到降低学校水费支出、节约水资源的目的。

据合同签订前测算，2017 年该校用水量超过 30 万 m^3，产生水费 95.7 万元，产生超计划累进加价水费 25 万元，全年校园管网修漏维修成本支出近 10 万元，全年总支出 130.7 万元，此费用还不含雨水回收设施的改造费用。

合同签订后，作为甲方的南外仙林分校每年支付乙方中国联通南京分公司 95 万元，相当于帮助该校每年节约 35.7 万元的综合用水成本，此部分效益为甲方分享；乙方在服务期内采取全方位的节水服务，全面管理校园用水情况，通过管道维修、雨水资源利用等节水手段，全面控制漏损率，降低校园的自来水耗水量，每年 95 万费用除去乙方替甲方缴纳其正常情况下用水产生的水费、管网修漏费、DMA 系统维护费等费用外，剩余的部分为节水修漏后节约水量所产生的效益，由乙方分享。

中国联通南京分公司为南外仙林分校用水提供了整体解决方案，其核心是 DMA 分区管理方案，有效控制供水系统水量漏失。据介绍，DMA 是供配水系统中一个被切割分离的独立区域。DMA 分区管理通常采取关闭阀门或安装流量计，形成虚拟或实际独立区域。通过对进入或流出这一区域的水量进行计量，并对流量分析来定量泄漏水平，从而利于检漏人员科学决策在何时何处检漏，并主动进行泄漏控制。中国联通南京分公司为南外仙林分校完成 NB - IOT 网络的建设、高精度计量设备采购配置、物联网组网和传输、DMA 学校管理平台的建设和维护，对学校存在的用水问题提出合理化解决方案，帮助学校用水达标，协助学校创建节水型载体。

据该项目负责人介绍，合同期内通过修漏节水预期可产生直接经济效益 320 万元，节约大量宝贵的水资源。通过政府监管部门、校方、联通三方合作树立 DMA 合同节水领域的标杆案例，为南京市 DMA 管理了提供技术路径和实践探索的经验。项目成功后，中国联通南京分公司计划成立平台运营实施小组，可以广泛复制推广和应用该项目。

七、 南京体育学院节水效果保证型合同节水管理项目

南京体育学院共有学生、教职工、居民共约 9200 人，校区内建有教学楼、办公楼、学生公寓、医院、图书馆、居民楼以及十几个体育运动项目训练场馆。学校主要用水涉及教育用水、住宿用水、办公用水、食堂用水、居民用水等，年用水量近百万立方米。经调查发现，学校供水管网老旧，漏水量大等问题都亟待解决。

为解决用水问题，南京体育学院与江苏苏科环境科技咨询有限公司（以下简称苏科环境）签订了节水效果保证型的合同节水试点项目合作协议，采用引进第三方服务机构的方式，开展合同节水工作，合同期为 3a。预计通过 3 年时间的探索和发掘，完成每年合同节水总量不低于 2 万 m^3 且用水综合单耗年均降低不少于 4% 的目标。

据了解，双方于 2017 年 11 月 1 日起正式开展合同节水相关工作。苏科环境通过对用水情况及节水潜力的调查，开展管网漏损检测服务，及时修复校园内部老旧漏损管网，开展校区水平衡测试及用水分析工作，对学校各用水点进行用水定额的比对分析，针对用水明显超标的运动员公寓，开展节水宣传教育工作，建设节水宣传专栏，增强师生节水观念，避免水资源浪费，以达到节水目的。苏科环境经过对学校用水情况的详细调查，建立了学校用水量及用水单耗的基础数据库。

截至 2018 年 8 月，经过 10 个月的合同节水工作实施，与上一年度同期对比，年用水量下降量为 85397m^3，考虑到学校在 2018 年暑假期间进行管网改造、更换施工，部分供水管路进行了一定时间的停水，用水量有一定程度减少，因此本次节水效果及效益分析暂不计入 2018 年 7—8 月水量数据。在此基础上，通过一系列工作的实施，共计节约用水 41021m^3，年节支效益为 130857 元（水价按 3.19 元/m^3 计算），取得了较显著的节水效果。

除此之外，配合节水检漏与修复、节水型卫生洁具推广、节水宣传进校园工作作为合同节水内容同步推进，增强学校内师生的节水意识。

八、 福建工程学院旗山校区合同节水管理项目

为贯彻落实党的十九大精神和"节水优先、空间均衡、系统治理、两手发力"新时期治水思路，按照《国家节水行动方案》提出到 2022 年要建成一批具有典型示范意义的节水型高校要求，福建省水利厅结合本省实际，深入推进高校节水管理工作，鼓励高校积极探索应用合同节水管理模式，集成先进节水技术和管理模式参与高校节水工作。

福建工程学院在 2019 年下半年通过公开招投标方式已与福水智联技术有限公司（以下简称福水智联）签订福建工程学院旗山校区合同节水管理项目合同，合同期为 10a，合同总金额为 2494 万元，项目包含供水管网和消防管网改造、节水器具安装改造、节水监测平台建设等内容。

福建工程学院旗山校区是福建工程学院的主校区，在校生人数 16000 人左右，总占地面积 1575 亩，用水量大，因校园内的供水管线多年未进行检修，漏损情况较为严重。学校与节水服务企业签订合同后，福水智联立即组织专业队伍为福建工程学院旗山校区提供全方位节水服务，集成先进的节水技术，搭建可视化用水节水监测系统，提升了学校的节

水管理水平和用水效率。

该项目通信方式采用最新技术：NB-IoT 窄带物联网技术，是物联网领域的一个新兴技术，具有支持海量连接、广覆盖、低功耗、低成本等优点，是实现万物互联的突破性技术。项目中除了利用窄带物联网技术，还使用了大数据分析技术。该项目安装部署了大量智能表具，这些表具产生了海量的监测数据。通过获取、存储、管理、分析这些数据，可以形成海量的数据规模、快速的数据流转、多样的数据类型和低价值密度，可以为人工智能学习机提供自我学习的数据样本。同时，通过网络化 DMA 分区结合树型结构、VMA 分区计量监测模型和"禹之水"水治理大数据分析管理平台的大数据分析，靶向漏损区域、分析漏损类别和漏损情况，综合运用漏点定位技术：示踪气体检漏、负压波检漏、漏水相关仪及漏水噪音听漏等各种探测方法对漏点进行高效精确的定位，漏点定位精度可达 $1m^2$ 以内。

2019 年合同节水管理项目实施以来，福建工程学院旗山校区共排查出管网漏损点 180 余处，每天可减少地下漏水 1500t 以上，年节水 40% 以上、约 54 万 t，节水工作取得了显著成效。

各高校在开展合同节水实践的过程中，以习近平总书记生态文明思想为指导，充分发挥教学科研优势，争创全国水效领跑者，更好发挥引领示范作用，辐射带动家庭及全社会节约用水。以建设"节水意识强、节水制度完备、节水器具普及、节水技术先进、用水管理严格"的节水型高校为目标，积极培育校园节水文化，加强节约用水和生态文明教育，培养学生树立先进的节水理念。

各地节约用水管理部门和教育部门在积极推广高校合同节水，强化了高校对合同节水管理的认识，同时加强高校师生的节约用水理念宣传，进一步提升高校师生节水、惜水意识，从而引领全社会形成节约用水的生活习惯和良好风尚。

第二节 医院类合同节水管理项目案例

一、双鸭山市人民医院合同节水管理项目

2016 年 7 月 4 日，黑龙江省双鸭山市水务局与北京国泰节水发展股份有限公司签订合同节水战略合作框架协议书，由北京国泰节水发展股份有限公司实施双鸭山市人民医院同节水管理项目，双鸭山市人民医院也因此成为全国首家合同节水医院试点。双方充分利用市场机制推动节水型城市建设，率先开展合同节水管理模式推广工作。

1. 用水单位概况

项目位于双鸭山市，该三甲医院属于大型综合性医院，分别有急诊、门诊妇科、妇产科、内科、神经内科，外科等（不含放射科），并有众多各类型病房，病房床位 1000 张。

医院污水主要是指医院或其他医疗机构的诊疗室、化验室、病房、洗衣房、X 光片照相室和手术室等排放的污水。由于其特殊性，医院污水中含有多种致病菌、病毒、寄生虫卵和一些有毒有害物质、放射性污染物等，具有很强的传染性。尤其是传染病医院的污水更是含有大量的病原性微生物、病毒及有毒有害物质。如果不经过消毒处理任其排放进入

城市下水管道或环境水体，这些病毒、病菌和寄生虫卵在环境中将成为一个集中的二次污染源，引起多种疾病的发生和蔓延，严重威胁人类的身体健康。因此，医院污水的安全稳定处理非常重要。

项目实施时，医院处于施工建设阶段。根据我国各地三甲医院废污水发生量设计规范及计算通则，日均每个床位的污水量约为 $1m^3$，污水日发生量约为 $1000m^3$，同时使用系数取 0.8，则设计污水总量为 $800m^3/d$。同时设计的中水回用系统定量为满足绿化浇灌、道路冲洗、冲厕等城市杂用水需求，作为市政自来水的辅助水源，用以降低对自来水的耗量。

2. 商务模式

为了保证双鸭山市人民医院新址投入使用后达到省、市实行最严格水资源管控的相关要求，在双鸭山市水务局的多方协调和全力推动下，双鸭山市人民医院污水处理合同节水管理试点项目，采用效益分享模式，项目合同期 10a。由节水服务企业先期通过融集社会资本投资，实施污水处理工程，工程完成后，按合同约定比例分享节水收益，用分享的节水收益偿还节水改造全部成本，并实现赢利。

节水服务企业一次性投入资金 315 万元，合同期为 10a，效益分享期内 1～5 年，节水服务企业享有 100% 的项目效益。效益分享期内 6～10 年用水单位和节水服务企业分别按双方 1:9、2:8、3:7、4:6、5:5 的分配比例分享收益。

3. 技术集成与主要改造内容

项目于 2016 年 10 月开工建设，2017 年 5 月竣工，2017 年 6 月正式进水运行。

双鸭山市人民医院污水站合同节水管理项目集成了多级接触氧化生物处理工艺和石英砂过滤、活性炭过滤深度处理工艺，有机污染物去除效率高、出水水质好、出水水质稳定。各化粪池出水经过格栅去除大的悬浮物、漂浮物后进入到集水池，集水池出水通过一级提升泵提升至调节池进行水质水量调节，调节池出水通过二级提升泵提升至水解酸化池，在水解酸化池中有机物通过水解酸化作用降解成易于生化的小分子有机物。

水解酸化池出水进入两级好氧池。两级好氧池中设置有组合填料，填料上的生物膜中微生物与水中微生物共同作用，将水中有机物进行氧化分解，使废水得到净化。

两级好氧池出水进入混凝反应池进行混凝反应，出水进入沉淀池进行固液分离，上清液进入中间水池，通过二次提升泵提升至石英砂过滤器进一步去除细小悬浮物，出水进入活性炭吸附罐进行深度的有机物去除，活性炭吸附罐出水进入到接触消毒池接受次氯酸钠消毒，最终出水回用于冲厕、绿化。剩余污泥直接排入污泥浓缩池后进入叠螺机脱水，脱水后污泥外运处置，浓缩池上清液及叠螺机滤液进入到集水池和调节池进行重新处理。

该工程出水水质可满足绿化浇灌、道路冲洗、冲厕等城市杂用水水质要求。

工程设计规模为日处理污水量 800t，每天运行 24h，按 35t/h。

工程范围包括污水处理站界区内污水治理工艺、污泥处置工艺、设备及安装工程、电气工程、厂内给水排水工程。污水水源进口从总污水管进入污水处理站开始计算，排水至市政管网止，动力线从污水处理站配电柜进线开始。

工艺流程包括 7 个处理单元：隔油池、曝气调节池、水解酸化池、缺氧/好氧池、沉淀池、过滤池/消毒回用水池、污泥浓缩池。

4. 节水效果与效益分析

按照一年运行365d、每天运行24h、每天800t废水处理量、实际中水回收使用率7成计算，每天利用中水为560t，年可节约取用水量20万t。按照水务局及人民医院现行水费综合为7.4元（其中污水处理费1.4元）计算，每年可节省自来水水费149万元。按照设计寿命20年、最低使用15年计算，可通过此污水处理系统实现节水300万t。

二、 福建乐清市人民医院合同节水管理项目

乐清市人民医院始建于1927年，是集医疗、预防、教学和科研为一体的三级乙等综合医院。医院占地面积约100亩，建筑面积10万余m²，年用水量约33.346万t，其用水主要包括医院公厕、住院楼病房、洗衣中心、锅炉房等，其中部分水龙头、淋浴花洒和抽水马桶等用水设施存在样式较老旧、起泡器缺失、水箱冲厕水箱容量大、延时阀延时过长等情况，未达到国家节水相关标准，有较大节水空间。

2019年4月23日，乐清市人民医院和浙江英明生态科技有限公司、深圳丰泽裕洋节水科技有限公司正式签订节水合同，浙江江英明生态科技有限公司负责项目投资和运营，深圳丰泽裕洋节水科技有限公司负责技术支持与项目节水改造实施，合同期9a，计划投资158万元，分成比例为医院与节水服务企业分别20%、80%分配节水效益。

根据节水合同约定，节水技术公司负责对医院生活用水、消防管网进行全面检漏、维修，在各用水楼宇加装远传水表和压力传感仪表，建立医院供用水智能远传监管平台，在医院3大块绿地加装自动喷灌系统，对所有用水洁具终端进行节水改造等工作，总投资158万元，总计改造设施逾2200套。节水服务企业完成的节水技术改造主体工程包括：水龙改造。针对洗手面盆龙头，改为防堵专利节水龙头，量化控制出水流量；针对医护室洗手龙头，改为"脚踏式＋手臂触动式"双启龙头，有利于节水和防止交叉感染。厕所冲刷设备改造。针对蹲厕冲厕阀，换装为即踩即冲的节水脚踏式冲厕阀，既节水又可避免交叉感染；针对抽水马桶冲厕阀，换装成陶瓷制水阀，减少单次冲水量，避免用水浪费。淋浴设施改造。针对花洒，全面换装成节水花洒。节水制度建设。节水服务企业协助医院完善节水管理规章制度，开展节水宣传活动，张贴节水宣传海报和警示标牌，进一步完善了节水管理。

项目全面节水改造后，预计综合节水率可达30%，每年可节省用水10万m³，每年节省水费开支约70万元。医院方不用出资，即可享受节水效益分成，每年约14万元（20%节水收益），还可减化节水管理，降低涉水用工成本，减少用水设施、设备更换成本，同时，还可大幅节省涉水用电用能成本，估计每年相关涉水支出不低于24万元，即每年可预期节省费用38万元。

在合同节水模式下，节水技术企业为业主募集资金，提供技术，在不减少用水项目和不降低用水舒适度的基础上，进一步降低漏损率和提高使用率。业主既可减化节水管理、降低用水成本，提升医院整体形象，又可享受节水效益分成。合同节水的实施，拓展了节水模式，吸引了社会资金参与节水，促进了先进节水技术的应用，推进了节水工作再上新台阶。

第三节 机关单位合同节水管理项目案例

一、 上海市浦东新区政府中心合同节水管理项目

上海市浦东新区政府中心作为浦东重要的窗口单位,希望能将中心打造成具有示范性的节水机构。2017 年,浦东新区政府中心确定实施开展效果保证型的合同节水管理项目,合同期为 1a,投资金额为人民币 19.6778 万元。

据了解,浦东新区政府中心在项目实施前用水存在一系列问题:抄表工作繁杂,由于政府中心有多个物业负责管理不同的区域,无法实现高效的协同工作,故抄表频率和效率较差;难以及时发现用水异常,从汇总数据到分析数据需要花费大量时间,异常用水的情况往往需要几个小时后才能发现;用水数据的摘录和分析由不同人员完成,由于用水点多,造成工作量较大。

项目通过传感器技术、智能水表、网络和移动系统与水务信息平台的结合,构建成全方位的智慧水务管理系统。主要针对于浦东新区政府中心原有的 19 块普通水表上加装具有影像识别功能的计量设备,采用无线技术实现数据上传,并将云端的用水数据接入智慧水务管理系统,从而实现浦东新区政府中心用水的在线监测及动态化管理的目的。

项目于 2017 年 12 月 11 日签订了合作合同,并于 2017 年 12 月实施改造,经过 3 个月的施工、安装、调试以及系统开发等工作,最终顺利完成项目改造。目前系统运行状态良好,并收到了良好的实施效果及效益。

(1)减少了抄表和分析人员的工作量。抄表人员由原先日常抄表工作改为定时查询系统,结合现场巡查的方式,工作效率大幅提升。

(2)实现并规范了各用水部门的用水绩效和计划考核。

(3)提升了办公中心的智能化水平,管理上提升了节水效果,体现了社会价值。

(4)系统管理单位提供了专业化服务,如用水报表等,为后续节水工作提供了数据支持和理论依据。

同样在上海市,还有一家医院也通过合同节水管理项目,收到了良好收益。2018 年,上海市普陀区人民医院与上海济辰节能科技有限公司签订用水托管型的合同节水管理项目。

在项目实施前,普陀区人民医院用水存在低效率的用水报表制作等问题。

为解决用水问题,项目通过构建全方位的智慧水务管理系统,实现了普陀区人民医院用水在线监测和动态化管理。

据了解,该项目目前系统运行状态良好。可实时查看各用水点的用水数据,自动生成水平衡图,及时掌握单位实时的用水平衡率情况,有效发现潜在的漏水点;可通过手机实时知晓单位用水情况,及时获取异常信息;可实现对不同部门节水绩效考核,通过设置用水指标,结合实际的用水数据,发掘潜在的用水潜力。

与此同时，无需安排人工到现场进行抄表和人工制作用水报表，节省了人工成本，避免误差。

二、 东阳市行政中心合同节水管理项目

浙江省东阳市深入落实最严格水资源管理制度，大力推行合同节水模式，将东阳市行政中心大院作为试点开展合同节水工作，在提升节水效率上取得了一定成效。

东阳市行政中心大院建筑面积约 10400m²，总用水人数约 2100 人。作为政府办公机构，开展节水型单位建设对引领全市节水型社会建设具有重要意义。

2019 年 8 月，东阳市机关事务管理局与浙江铸坤科技有限公司就东阳市行政中心大院专项节水服务签署合同节水管理项目协议书，合同的签订开创了金华市用水单位开展合同节水的先河，为金华市乃至全省用水户开展合同节水提供的东阳样本。通过对行政中心的给水系统进行升级改造，通过更换节水器具、改造用水设备、设置远程用水监管、加大节水宣传等手段，行政中心用水量明显下降，有效节水率在 20% 左右。

主要节水手段如下。一是加装在线监测系统。以互联网技术为基础，通过加装远传水表，实现单位用水量的实时监测。经监测并与历年同期用水量比较，东阳市行政中心大院8 月用水量突增，通过漏水排查，发现漏水点一处，经修复，月用水量恢复正常水平。二是加装节水器具，所有水龙头加装恒流节水器，通过调节过水通道中的有效供水面积，控制输出水流，达到节水的目的。三是改造洗车设施，加装高压水枪。通过采购两台洗车机，使用高压水枪进行冲洗，降低洗车单耗，节水率达 87%。四是绿化节水改造，加装移动喷灌设备，提高灌溉效率，降低了水耗。

通过合同节水管理模式，11 月人均用水单耗较上年同期下降率 30%，预计每年可节约水费 5 万元；卫生间用水器具由二级以下水效提升至二级以上，节水率 18%；洗车单耗降至浙江省用水定额以内，节水率 87%。下一步，东阳市行政中心大院将建设雨水收集系统，提高非常规水得用率，进一步提高节水效率。

第四节   工业合同节水管理项目案例

一、 山钢集团永锋淄博合同节水管理项目

随着国家对节能减排工作的要求日益提高，实行的新版《钢铁工业水污染物排放标准》也对现有企业和新建企业的工业污水排放提出了更为严格的要求（对于烧结、炼铁、炼钢单元要求总排口零排放）。钢铁厂工业污水作为非传统水资源，越来越受到钢铁企业的重视。

随着经济的快速发展，水资源短缺的压力越来越大，企业越来越意识到合理利用水资源的重要性，只有充分尊重水资源自然循环的规律，实现水资源的多次循环利用，维持水资源的循环平衡，才是水资源可持续利用的有效途径。利用工业污水制成回用水是目前各大钢铁企业对于工业污水的常见处理方式。

为建设"低碳、绿色"的工厂，山钢集团永锋淄博一直致力于节能减排。为实现

"零排放"的要求，改善周围环境，2014年永锋淄博（原张店钢铁总厂）与淄博涌泉水务投资有限公司进行合同管理方式（BOT）投资兴建污水处理厂，将厂内所有排放的污水全部回收利用，处理后的脱盐水供公司炼钢工艺、炼铁工艺、煤气发电使用，处理后的浓盐水供公司炼铁厂冲渣、炼钢厂闷渣使用。此举大幅减少新水取水量，杜绝公司废水排放量，不仅为生态系统减负，在节约用水的同时也降低了公司生产运行的成本。

据了解，在项目实施前，永锋淄博用水单耗 4.6m³/t 钢，排水量 4300m³/d。炼钢蒸发器循环冷却水、炼铁高炉、煤气发电等使用脱盐水的各工艺均使用新水制成脱盐水，不但使用大量新水（1t 新水制成 0.65t 脱盐水），而且造成生产成本增加。特别是公司检修时将轧钢工艺、炼钢工艺等浊环系统的循环水池及化学除油器进行处理，使得含油污的废水排入周边乌河，造成大面积的污染。由于环保不过关，公司面临停产关门。

为解决上述问题，2014年，永锋淄博将公司污水处理回用项目以 BOT 形式进行公开招标，淄博涌泉水务投资有限公司中标该项目，随后双方对投资规模、工程时间、合同期限等多项内容进行多次洽谈，最终确定该项目按两期实施，总设计水处理能力 6000m³/d，一期按 4000m³/d，投资 2600 万元。二期 2000m³/d，再投资 800 万元。由淄博涌泉水务投资有限公司负责所有投资（含设计、建设、运行），合同期为自运行日起 5a。

该污水处理回用项目在 2014 年 4 月开始建设，经过 11 个月的努力，于 2015 年 3 月竣工，调试试运行后于 2015 年 4 月正式运行。

污水处理站将公司各工艺污水及生活污水收集后，首先在调节池进行水质水量均化，以降低后续处理的冲击负荷。出水进入絮凝池，絮凝后进斜板沉淀池去除水中的悬浮物，沉淀池出水经杀菌、过滤后进活性炭去除余氯，每天 6000m³ 经保安过滤器后进入反渗透工序，经反渗透去除盐分后 4000m³ 进回用脱盐水池当做新鲜工业脱盐水回用，反渗透浓盐水 2000m³ 进浓水池泵送公司炼铁冲渣和炼钢闷渣。污泥进污泥处理系统后送烧结工艺。

该项目将永锋淄博厂区内所有排放的污水全部回收利用，实现了整个厂区污水零排放。对当前的清洁工厂、环保治理均做出了重要贡献。

该项目自 2015 年 4 月实施以来，已经处理了公司污水 530 万 t，产生并使用脱盐水 350 万 t、浓盐水 180 万 t，节水效果明显。目前公司综合用水（新水）单耗为 2.8m³/t 钢，比未上污水处理回用项目用水单耗下降 40%，在产生社会环境效益的同时为公司节约成本 1839 万元。预计到合同期结束还能节约新水 350 万 t，节约成本 1200 万元。

事实上，在项目上马前，永峰淄博严重亏损，公司资金严重紧张，而当时环保要求严格，该项目直接决定公司的存亡。为此，使用 BOT 合作该项目能够解决公司资金不足的问题。

在不影响公司对该项目所有权的前提下，为了分散投资风险，在融资方面，采用 BOT 投资建设的基础设施项目，其融资的风险和责任均由投资方承担，这将大大地减少公司的风险。在工程的施工、建设、初期运营阶段，各种风险发生的可能性也是极大的。若采用 BOT 投资模式吸引社会投资，公司可免于承担种种风险，相应地由项目的投资方、承包商、经营者来承担这些风险。通过这种融资方式，不仅可以大大降低公司所承担的风险范围，还有利于基础设施项目的成功，同时也有利于引进先进技术及管理方法，通过将项目交给专业公司投资、经营，加快工程的建设，提高项目的运营效率。

不过，永峰淄博相关负责人也坦言，公司污水处理回用项目合同期为 5a，存在合同期限较短，为此在运营期间产出的水费价格较高。

二、 日月光集团合同节水管理项目

日月光集团为全球第一大半导体封装、测试及材料大厂，自 1984 年成立以来，为全球半导体知名企业提供整合型测试、封装、系统组装及成品运输的专业一元化服务，在全球封装测试代工产业中，拥有最完整的供应链系统。

作为一家全球化的公司，日月光集团高度重视可持续发展，希望能够在生产过程中节约水资源，体现企业的社会责任和社会价值。

2017 年，上海市供水管理处及第三方节水服务单位到访日月光半导体（上海）有限公司，了解该公司的用水情况，并讲述了合同节水的内容、优势及意义等。日月光半导体（上海）有限公司内部经过协商探讨，并与第三方节水服务单位多次交流后，确定实施开展合同节水管理项目，于 2017 年 12 月 1 日签订合同。

据了解，项目在实施前，日月光半导体（上海）有限公司在信息整合方面，由于多个数据采集系统分布于不同厂区，需要从各个系统下载不同格式的数据，再进行人工汇总和分析；在数据分析方面，由设备管理员对数据进行汇总，并发送相关人员。上述工作方式存在一些问题：受效率的限制，汇总和分析所得信息极为有限，大量有价值的信息被丢弃；低附加值、重复性的劳动使得用水管理成本高，效率低；有些地方抄表较为困难，且统计时会出现误差。

该项目则能够很好地解决上述问题，通过传感器技术、智能水表、网络和移动系统与水务信息平台的结合，构建成全方位的智慧水务管理系统。

项目主要对日月光 113 块用水计量设备进行改造和新装，同时连接数据采集终端来进行数据采集，并获取实时的用水读数，然后通过网络进行数据的传输，将数据发送到云端，并将云端的用水数据接入智慧水务管理系统，从而实现公司用水的在线监测及动态化管理的目的。

据了解，该项目合同节水模式为用水托管型，合同甲方为日月光半导体（上海）有限公司，合同乙方为上海济辰水数字科技有限公司。合同期为 2017 年 12 月 1 日至 2023 年 1 月 31 日（每年回收 15.12 万元），投资金额为 75.6 万元。项目于 2017 年 12 月 1 日签订合作合同，并于 2018 年 2 月实施改造，经过 4 个月的施工、安装、调试以及系统的开发等工作，最终顺利完成项目改造。目前系统运行状态良好。

合同节水管理项目实施后获得明显成效。

（1）通过系统实时分析，能够自动推送超量、渗漏等报警信息，同时及时响应用水异常。

（2）数据访问不受物理位置的限制，可通过 PC 端、无线端等访问信息。同时还可针对不同的人员设置访问权限。

（3）实现对单个、多个用水点的精细化分析，涵盖同环比分析、上限分析等，可依据公司产值进行用水能效分析。

（4）无需安排人工到现场进行抄表，节省了抄表的人工成本，远程在线抄表能够避免人为因素影响水表数据统计的误差。

（5）无需安排人工制作用水报表，节省了制作报表的人工费用，随时可自动生成用水报表。

三、 三井高科技（上海）有限公司合同节水管理项目

三井高科技（上海）有限公司是日本三井高科技公司在中国大陆独资开设的集成电路引线框架、高精度马达铁芯的专业生产厂家。

2017 年，为推广合同节水管理试点项目，上海市供水管理处及第三方节水服务单位到访三井高科技（上海）有限公司，了解单位的用水情况。三井高科技（上海）有限公司内部经过协商探讨，确定实施开展合同节水管理项目。

该项目合同节水模式为用水托管型，合同甲方为三井高科技（上海）有限公司，合同乙方为上海济辰水数字科技有限公司。合同期为 2017 年 7 月 28 日至 2022 年 11 月 27 日，投资金额为 30.05 万元。

在项目实施前，该公司在用水方面存在一些问题：

（1）低效率的用水报表制作。采用人工的形式制作报表，工作效率较低下；数据实时性与准确性较差，无法为后续的用水分析与计划工作提供及时准确的依据。

（2）用水异常响应时间较长。抄表周期长，缺乏实时的用水情况、报警和评估机制，无法及时发现单位内浪费水的情况，难以实现水资源精细化管理。

（3）低附加值，单纯的体力劳动工作造成用水管理成本高、效率低；有些地方抄表较为困难，且统计时会出现误差。

据了解，该项目主要对三井高科技（上海）有限公司 6 个用水计量设备进行改造，同时连接数据采集终端来进行数据采集，并获取实时的用水读数，然后通过网络进行数据的传输，将数据发送到云端，并将云端的用水数据接入智慧水务管理系统，实现三井高科技（上海）有限公司用水的在线监测及动态化管理的目的。

项目于 2017 年 7 月 28 日签订了合作合同，并于 8 月 25 日实施改造工作，经过 3 个月施工、安装、调试以及系统的开发等工作，最终顺利完成项目改造。目前系统运行状态良好。

三井高科技（上海）有限公司采用合同节水的模式完成了智慧水务管理系统的建设，打造了用水透明化的工厂，提升了用水管理水平，提高了水资源有效利用率，可有效预防水资源的浪费，实现了单位用水的精细化管理，有利于水资源的可持续发展。无需人工进行抄表及制作用水报表，减少人工成本以及低附加值劳动。实现对每个用水点位的实时监测，提升用水管理效率，实现用水精细化管理。通过实时水平衡关系图，可知晓单位用水平衡率，及时发现管网漏损点。及时收到超量用水提醒，并据此进行相应的处理。通过图表的形式对每个用水点位进行分析，管理更加科学化。

第五节　恨虎坝中型灌区农业
合同节水管理项目案例

云南省陆良县恨虎坝中型灌区位于云南省陆良县，灌区总设计灌溉面积 2.25 万亩。恨虎坝灌区为一般中型灌区，农田水利建设"最后一公里"问题较为突出。对此，恨虎坝中型灌区作为全国试点，探索建立引入社会资本和市场主体解决农田水利"最后一公里"的问题。

据了解，项目区主要水源为总库容 807 万 m³ 的恨虎坝水库，已建成干渠 10 余公里，但是没有支渠、斗渠等田间工程配套设施，群众需拉水灌溉，拉水成本每亩超过 220 元，水库每年有超过 350 万 m³ 的水用不出去，只能"望水兴叹干着急"。项目采取 PPP 模式运营。

按照"先建机制，后建工程"的总体要求，该项目采取 PPP 模式运营，工程建设主要任务是投资 2712 万元（包括吸引社会投资 646 万元），合同甲方为陆良县人民政府，乙方为陆良大禹节水农业科技有限公司，项目按照 7:3 的比例出资组建，成为农田水利投资、建设、管理主体。

经反复试算后，在引入社会资本为 646 万元的情况下，工程全成本水价为 1.28 元/m³、运行成本水价为 0.79 元/m³ 时，能够保证群众基本能承受、企业能有合理收益。

据悉，在枯水年和丰水年用水大幅减少、水费分成收入下降，导致乙方当年资本收益率和折旧率之和低于 7.8% 时，不足 7.8% 的缺口部分，由陆良县人民政府补足相应缺口部分资金。

该项目内容包括机制建设和工程建设两部分。机制建设主要任务是探索建立初始水权分配、合理水价形成、节水激励约束、用水专业合作组织参与、国有工程建管、引入社会资本和田间工程管护 7 项机制。工程建设主要任务是新建泵站 2 座，铺设干支管道 243km，田间管网 1111km，配套田间计量设施 548 套和用水自动化控制系统，实施微灌高效节水灌溉面积 1.008 万亩。

1. 项目实现群众、企业、政府三方共赢

据了解，改革激发了市场和群众的参与活力，同时也改变了政府大包大揽的传统农田水利建设和管理模式，不仅有效解决了农田水利建设和管理"最后一公里"的问题，还实现了群众、企业和政府三方共赢。

群众增收方面，在项目实施前，亩均年收入 7523 元，亩均拉水费用及劳力合计支出 780 元，灌溉成本占亩均年收入的 10.37%。实施后预计亩均年收入为 9300 元，亩均收入增加 1777 元，灌溉成本亩均合计支出 393 元，占亩均年收入的 4.23%，灌溉用水成本节约 387 元。

企业增效方面，经测算在正常年份，社会资本回收期 7 年、20 年运行期公司累计折旧和收益 1911.8 万元，年均资本收益率为 9.8%。

政府方面，节水节资、工程良性运行。经测算项目区灌溉水利用系数可达 0.85，大大节约了水资源，节约的水量可用于生态或其他项目用水；引入社会资本，一次性减少政府投资 646 万元。同时，通过建立产权明晰、责任落实、经费保障的工程运行机制，引入企业先进的管理理念和技术，参与农田水利的管理，解决了水利工程"一年建、两年用、三年坏，有人用、无人管"的难题，实现了工程持续、良性运行。三大创新取得良好收益。

2. 该项目在以下三个方面进行了创新。

（1）创新建立水价定价方式。该项目改变了之前完全由物价部门监审批准水价的定价机制，国有工程水价仍采用原有定价机制，把社会资本投资的田间工程水价交由供用水双方协商定价，报物价部门备案。以群众承受能力为基础，企业合理盈利为基准，政府让利为调节，找准群众、企业和政府三方利益平衡点。

（2）创新建立"企业＋合作社"新型合作模式。该项目把引入的市场投资主体与分散经营的农户形成利益共同体，不仅提高了群众全程参与工程投资建设经营管理的自觉性和积极性，还使群众从改革中获得了经济收益。

（3）创新建立了政府与企业风险共担和社会资本退出制度。政府承担最大的改革风险，降低社会资本风险，使社会资本愿进来、稳得住、有回报。在农田水利工程建设管理中具体实施 PPP 模式，是社会资本进入农业农村农田水利薄弱基础行业的一次有益尝试。

恨虎坝改革试点受当地种植结构、产业基础、用水条件、群众生产生活习惯等条件限制，改革效果尚不尽圆满：产业基础薄弱，水价承受能力有限，引入社会资本的比重有限；由于政府对有限公司监管的经验不足、信息不对称，导致对公司生产经营的监管有限；工程整体运行中存在国有和市场两个管理主体，若相互协调配合不足，将影响工程整体效益发挥。

第六节　天津市护仓河合同节水管理项目案例

护仓河属天津市内二级河道，全长约 5.4km，河道宽 28～35m，平均水位 2m，是中心城区重要的景观与排沥河道。护仓河是静水环形河道，河段首末段设有泵站，将河水提升至海河。项目实施前河道水质为劣Ⅴ类，水生态系统脆弱，河道内连年出现蓝藻水华，严重影响城市景观环境。

项目设计处理段为津塘公路至郑庄子雨水泵站段，全长约 4km。河段现有一座排水泵站，雨污分流不彻底，水体流动性极差，同时受雨污混流口排污影响，水生态系统脆弱，水体极易恶化。

天津市排水管理处通过公开招标选择北京国泰节水发展股份有限公司（以下简称国泰节水）按照合同节水管理的模式对护仓河进行治理。项目采用节水效果保证型合同节水管理模式，并与政府购买服务模式相结合，节水服务企业先期投入治理，达效付费、长效运行，合同期限 3a（2016—2018 年）。该项目工程建设投资 1318.29 万元，治理目标是在污染控制区消除水体黑臭现象，水体透明度提升到 50cm 以上，消除水华现象，主要指标（化学需氧量、氨氮、总磷）削减 40% 以上。在常规治理区主要指标（化学需氧量、氨氮、总磷、溶解氧等）达到Ⅴ类，水体透明度提升到 50cm 以上，总氮指标削减 50% 以上。根据合同节水管理模式，约定支付方式为：由天津市排水管理处组织或委托具有资质的第三方检测机构,按合同要求,对合同约定效果进行评估与验收。在治理期,天津市排水管理处应在治理期验收合格一周内后向国泰节水支付治理期费用;在维护期,依据每月考核成绩,每半年一次向国泰节水支付相应费用。

国泰节水根据河段具体情况,集成了水质修复的最新技术,制定了工作方案。工程内容总体分为:底泥污染治理工程、水质提升工程、生态修复工程、应急处理工程、在线监测及预警管理、生态环境维护服务 6 个部分。项目采用"生态清淤+EPSB 工程菌+EH-BR 强化耦合生物膜+复合硅酸铝水处理剂+水生植物净化技术+曝气增氧+水面保洁"等组成的集成技术体系,主要实施内容包括底泥污染治理工程、水质提升工程、水生态修复工程、应急处理工程及运营管护。该项目实施后,水质明显改善。业主委托第三方机构对 4 个取水监测点水质定期监测结果显示,截至 2016 年 5 月,经过治理及持续维护,护仓河水质得到明显改善,接近治理目标,水体黑臭基本消除,至今未出现大规模暴发蓝藻现象,透明度长期保持 80~100cm 以上,非汛期水质达到并保持地表水环境质量标准 V 类水平,主要指标化学需氧量、氨氮、总磷、总氮等大幅度消减,年均削减率分别为 60%、75%、68%、68%。

该项目不仅使护仓河水质明显得到改善,还节约了宝贵的水资源,美化了环境。通过护仓河治理,项目稳定运行期间,年可节约用于稀释的水资源 400 万 m^3 以上。同时提升了河水自净能力,河道黑臭现象消失,河道水生态系统恢复到健康状态,使周边环境更加优美宜居,周边居民对护仓河当前状况表示满意,为政府部门树立了良好的公众形象。在取得环境效益的同时还获得了一定的经济效益。天津市水务局排水管理处通过护仓河治理,节约了引海河水用于稀释的水费 864 万元/a、污水处理费 108 万元/a、蓝藻应急治理费 54 万元/a、化学需氧量减排效益 68 万元/a,估算实现的经济效益超过 1000 万元/a。节水公司截至合同期满(2018 年 12 月),项目建设中标收入 1318.29 万元,预计支出 1222 万元,预计利润 96 万元。

通过运用安全、高效、持续的集成技术,对护仓河进行水环境治理和水生态修复,消除富营养影响和蓝藻危害,能提升水体自净能力,改善环境质量,给天津城市景观添彩,更好地发挥引水工程的作用,为贯彻节水优先方针起到典范作用,为天津市带来巨大的社会效益。

第九章 合同节水常用技术介绍

第一节 水 平 衡 测 试

一、 水平衡测试的概念

水平衡测试是对用水单位进行科学管理行之有效的方法，也是进一步做好城市节约用水工作的基础。它的意义在于，通过水平衡测试能够全面了解用水单位管网状况，各部位（单元）用水现状，画出水平衡图，依据测定的水量数据，找出水量平衡关系和合理用水程度，采取相应的措施，挖掘用水潜力，达到加强用水管理，提高合理用水水平的目的。

为了在城市节水管理工作中，推广应用这一科学管理方法，建设部于1987年4月发布了CJ 20—87《工业企业水量平衡测试方法》，1990年全国能源基础与管理标准委员会发布国家标准GB/T 12452—2008《企业水平衡测试通则》。一些省级、市级人民政府也把水量平衡测试纳入地方性行政法规、规章，如《河北省城市节约用水管理实施办法》第十二条规定："城市用水单位应当依照国家标准，定期对本单位的用水情况进行水量平衡测试和合理用水评价，改进本单位的用水工艺。"用水单位按规定进行水平衡测试已经成为法定义务。

二、 水平衡测试目的和作用

水平衡测试是加强用水科学管理，最大限度地节约用水和合理用水的一项基础工作。它涉及用水单位管理的各个方面，同时也表现出较强的综合性、技术性。通过水平衡测试应达到以下目的。

1. 掌握单位用水现状

如水系管网分布情况，各类用水设备、设施、仪器、仪表分布及运转状态，用水总量和各用水单元之间的定量关系，获取准确的实测数据。

2. 对单位用水现状进行合理化分析

依据掌握的资料和获取的数据进行计算、分析、评价有关用水技术经济指标，找出薄弱环节和节水潜力，制定出切实可行的技术、管理措施和规划。

3. 管网漏损监测及修复

找出单位用水管网和设施的泄漏点，并采取修复措施，堵塞"跑、冒、滴、漏"。

4. 健全单位用水三级计量仪表

既能保证水平衡测试量化指标的准确性，又为今后的用水计量和考核提供技术保障。

5. 建立用水单元考核制度

可以较准确地把用水指标层层分解下达到各用水单元，把计划用水纳入各级承包责任制或目标管理计划，定期考核，调动各方面的节水积极性。

6. 建立单位用水档案

建立用水档案，在水平衡测试工作中，搜集的有关资料，原始记录和实测数据，按照有关要求，进行处理、分析和计算，形成一套完整翔实的包括有图、表、文字材料在内的用水档案。

7. 提升节水意识

通过水平衡测试提高单位管理人员的节水意识，单位节水管理节水水平和业务技术素质。

8. 建立大数据支撑

为制定用水定额和计划用水量指标提供了较准确的基础数据。

三、 水平衡测试的工作程序

1. 准备阶段

要搞好"三落实"。一是组织落实：测试单位应成立专门机构，负责测试的组织领导，全面协调，测试实施、督促检查等。为了便于开展工作，该机构由主管领导，节水主管部门负责人、车间（部门）主任组成领导班子和包括管水人员、统计人员、工程技术人员，车间及班级组长和用水，管水人员在内的测试班子。二是技术落实：要掌握测试方法，了解测试表格图，摸清用水工艺、设备厂、设施及用水情况，进行人员培训等。三是测试方案落实：明确测点和内容，选好测试仪器，确定测试的日期和次数，做好人员的分工和协调配合等。除"三落实"外，还要健全测试手段，校验计量水表，使之达到规范要求。

2. 实施阶段

根据拟定的测试方案，在规定的时间内进行测试，并做好测试数据的记录。对测试中出现的问题，要妥善处理，必要时做测试说明。

3. 汇总阶段

以测试得到的水量数据按用水单元的层次汇总，并填写在《水平衡测试报告书》上。

4. 评价阶段

以水平衡测试结果为基础，对用水单元进行合理用水评价，找出不合理用水造成浪费的水量和原因，制定出改进计划和规划。

四、 水平衡测试的评价方法

1. 测试结果校核

由于单位用水单元较多，测试工作量较大，有的单位很难做到各用水单元都同一个时间抄表，测试难免有误差。为保证测试质量，要求在测试阶段所得各类日取水量之和与同期单位实际日总取水量之差不大于10%，可认为测试结果符合要求。否则应继续查找有无漏测和计算错误，直到达到要求。

2. 各类用水分析

各类用水按用途进行汇总分类，按照用水考核指标体系计算，分析用水合理水平。同时，参照各行业节约用水标准和用水的实际情况，确定各类排放水可回收利用的水量。

3. 节水计划和规划的制定

根据对各类不合理用水因素的分析，采取相应的行政和技术措施，制定节水计划和规划。制定节水计划和规划时要把握以下几点：

（1）最大限度地提高水的重复利用率，如建立和完善冷却水、工艺水循环利用系统、废水回收再利用，提高循环水浓缩倍数，建立中水道系统等，减少新水取用量。

（2）改革用水工艺，更新用水设备、器具，采用不用水或少用水的工艺、设备、器具。

（3）增加节水技改资金的投入。优先安排用水量大且浪费严重的项目、统筹规划节水工程，要定出时限，实行目标责任制。

（4）注意节水技术措施实施的技术、经济先进性，讲究节水投资效益。

（5）依据测试成果调整用水定额和计划用水量指标，并分解下达给用水单元。

第二节　管网漏损检测

管网漏损是国内外城镇供水系统中存在的一个普遍性问题，对经济、环境、社会等多方面均会带来不利效应。一方面，较高的漏损率往往使得用水单位的经济效益受到巨大损失；另一方面，较高的漏损率会提高管网内的水流速度，从而造成水压损失，影响居民用水的稳定性。此外，漏损还会造成能源和资源的浪费，与可持续发展理念不符。当前我国平均漏失率为 15.7％，有些地方甚至高达 30％以上，而发达国家最高水平是 6％～8％。管道漏失导致我国每年流失自来水 70 多亿 m^3，相当于一年"漏"掉一个太湖，足够 1 亿城市人口使用。因此，降低管网漏损率对于用水单位节省水费开支、城市水资源利用效率的提高和经济的可持续化，具有重要意义。

探索有效的漏损检测方法是漏损率管理中的重要环节，对于用水单位和节水服务企业而言都十分重要。用水单位降低用水管道的漏损率可以大量节约水资源、减少用水费用支出；节水服务企业掌握有效的漏损检测方法可以为用水单位提供更加科学优质的服务，从而增加节水服务收益。目前市场上常见的漏损检测方法主要有听音法、DMA 分区计量法、在线实时检测分析等。

一、常用的检测方法

1. 听音法

听音法指用某种传声工具倾听漏水的声音，根据漏水声的大小与音质特点来判断漏水位置，从简单的机械式听漏棒到各类听音测漏仪，这一方法从本质上说应叫声振法。目前发展相当迅速，是国内外应用的最为普遍而有效的方法。相关检漏仪也应属于声振法体系。普奇管道测漏仪 CL 系列。在声振法的基础上加上了频谱显示。可以直接通过仪器显示屏。对照漏水点与不漏处进行对比。

2. DMA 分区监测法

DMA（独立计量区域）是通过截断管段或关闭管段上阀门的方法，将管网分为若干个相对独立的区域，并在每个区域的进水管和出水管上安装流量计，从而实现对各个区域入流量与出流量的监测。DMA管理的关键原理是在一个划定的区域，利用夜间最小流量分析来确定泄漏水平。DMA的建立能够主动确定区域的泄漏水平，指导检漏人员优化检漏顺序，同时通过监测DMA的流量，可以识别是否有新的漏点存在，由于管网泄漏是动态的，如果在泄露之初就得到控制，泄漏可以大幅减少；如果没有持续的泄漏控制，泄露会随着时间的延续而增大。因此，DMA管理被视为在供水管网中减少和维持泄漏水平的有效方法。

3. 管道振动频谱分析法

目前市场上已开发出地下供水管网渗漏报警平台（以下简称"平台"），通过运用人工智能和大数据分析技术，实现地下供水管网渗漏报警的水资源综合管理平台。采用基于大数据统计的人工智能漏水预测算法、低功耗广域蜂窝网通信技术、物联网平台等先进科技，并通过GIS可视化技术将监测信息做精准呈现（见图9-1）。平台具有：管道渗漏自动报警，管网状态查询，管道振动频谱分析，监测日志、图表打印等功能。

平台采用物联网三层架构：感知层、通信层、应用层。

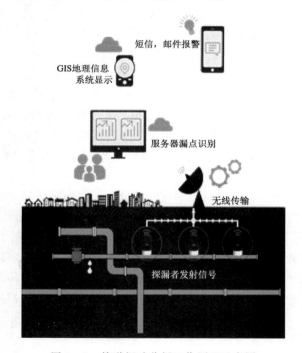

图9-1 管道振动分析工作原理示意图

（1）感知层：由安装在供水管道上的探漏仪组成，探漏仪通过高强度磁铁吸附于管道壁，实时采集管道振动信息。探漏仪安装大容量电池配合低功耗技术，保证仪器至少能持续工作5a。仪器外部采用高强度工程塑料和IP68防水等级设计，保证了在极端环境下的稳定运行。

（2）通信层：支持4G、NB-IoT、LoRa3种无线传输技术，具有信号覆盖范围广、地下穿透力强的特点，能在恶劣复杂的工况下保持传输信号稳定。

（3）应用层：由安装于云服务器的各种应用组成，通过数据分析和云计算对信号进行分析和漏点识别，通过 GIS 技术完成可视化呈现

平台具有安装简单，无须破管，能克服地下管道及周边各种恶劣环境，实现管道状态实时监测等特点。平台解决了传统探漏方式定位难、效率低、发现不及时的弊端，有效减少了水资源的浪费，极大提高了水务管理部门的工作效率。实现了以下预期效果：

（1）全面掌握管网漏损情况，配合及时的修复措施，确保供水稳定安全。

（2）减少经济损失，降低地面塌陷、失压、水质污染等事故概率。

（3）减少"找漏"投入的人力、精力和时间，提高管理效率。

（4）实现地下管网漏损的主动化、精细化、无人化管理。

二、 比较复杂的检测方法

传统的漏损检测方法，如听音法、声波法等，不仅耗时而且人力成本较高，对于城市规模大、管网结构复杂的供水系统，应用效果也十分有限。近年来，有越来越多的研究投入到管网漏损检测方法的开发中。

1. 多级向量识别法

采用一种多级支持向量机的方法来识别管网系统的漏损区域。支持向量机（SVM）方法是一种能根据有限的样本信息在模型的复杂性（即对特定训练样本的学习精度）和学习能力（即无错误地识别任意样本的能力）之间寻求最佳方案的方法。SVM 可通过在分区计量区域（DMA）的入口处处理流量、压力等系列数据来测定该区域是否存在爆管、泄漏、传感器故障等异常情况。在此基础上，M－SVM 可用于多处 DMAs 的漏损检查和判定分类。

实际应用操作过程中，首先通过仿真将管网分为若干漏损区域；其次在不同区域内随机生成若干处漏损事件，供水力仿真模型分析学习，得到漏损数据作为训练样本；再次训练 M－SVM 建立漏损区域识别模型，最后将训练后的 M－SVM 用于分析待检范围内观测得到的流量和压力数据，从而鉴别出可能存在漏损的区域。采用多级识别法，结合压变漏损检测法，对大范围的实际供水系统进行漏损检测，能将漏损范围缩小到漏损点附近小区域的管网，再用管道检测设备对该区域进行检查，可迅速定位漏损位置，大大节省了时间和人力。

2. 瞬变时间-频率分析法

瞬变管道故障检测也是供水管网无损检测技术中应用较为广泛的手段，其原理是检测管道内水流的瞬态水力学特征来识别管网系统中潜在的故障。

管网中的水流产生的瞬态压力波信号包含了水流在管网中流动和接触管道组件、设备或管道故障如漏损、阻塞、异常分流或连接等状态下的大量系统信息，可用于评估管网系统的物理结构变化，一旦管网出现漏损，时域压力波就会出现反常的反射和衰减；而管网阻塞和异常连接等则会使频域压力波产生不同的频率位移和衰减。然而该方法目前主要用于一些结构简单、构型已知的单一或混联管网的故障检测，其故障类型也须为已知；对于具有多种未知故障类型的复杂混联管网，其应用较为有限。

3. 累计求和和多尺度小波分析组合法

爆管造成的水流量漏失较大，当其超过平均流量的 20％时，就能被较为容易地检测到；而对于泄漏水流来说，其流量远小于平均流量，检测较为困难，传统方法只有在夜晚其他干扰较小的情况下才能被检测到。

为此，提出一种基于累计求和的检测方法，当发生爆管时压力突然增大，其产生的峰超过人为设定的阈值，CUSUM 可通过算法检测到爆管和多尺度小波分析法通过将压力的测定分解为 4 个级别的系数来检测爆管，作为检测小流量泄漏的稳健方法。该方法克服了因人为设定阈值不明确而可能在噪声信号较大的条件下稳健性下降的问题，以及 MWA 法因时间信息的缺失而可能使每个感应器在估算泄漏效应的到达时间时精度下降的问题，并且引入了置信界限使得 CUSUM 法和 MWA 法的定位方法更符合实际情况。

三、 前沿检测方法

由于漏损控制需要投入大量的人力和物力成本，如管网的日常维护和修复、设备的改进和更替等，这必然导致更高的漏损控制目标将需要更高的运维成本，造成高昂的代价和与之不匹配的漏损控制收益之间的矛盾。因此，通过科学的经济学研究，寻找到最为适宜的漏损控制目标非常关键。最新的文献报道国外研究机构正在探索影子价格法和生命周期评估法在这方面的应用。

1. 影子价格法

智利的一项研究采用影子价格法来开展管网漏损经济评价方法的建立。根据 2010—2014 年智利 22 家水务公司的运行成本（如商业成本、能源成本、资源成本以及水处理成本等）、工人总数、总输水量以及漏损量等数据，通过计算管网漏损的影子价格来推算其消耗的环境和资源成本，并从水务公司、政府和社会 3 方面来分别计算分析方法的敏感性。

结果表明，2014 年漏损的平均影子价格约为 0.23 欧元/m^3，即供水系统每损失 1m^3 的水，消耗的环境和资源成本约为 0.23 欧元，约占输水价格的 31.7％。然而，不同的水务公司受地理位置、运营成本、经营状况等原因影响，算得的漏损影子价格差异较大；敏感性分析显示从水务公司角度、政府和社会角度计算得到的影子价格也不尽相同。这项研究的核心价值在于提出了更为科学和经济的漏损控制目标的确定方法，有利于帮助政府制定配套的奖励机制来促使水务公司更有效地减小漏损率，放缓水资源的投资开发，同时也拓宽了水价制定的考量范畴，使其更为科学合理，值得国内供水行业借鉴。

2. 生命周期评估法

降低管网漏损率对于水资源的可持续管理固然具有重要的意义和价值。而对于"是否有必要采取措施使其越小越好"的质疑，法国专家根据环境保护的广义目标，提出了一个课题：为减少漏损率所采取的措施，如工程建设、设备运行等，同样会对环境造成一定影响；那对于法国这样一个大部分地区水资源充沛的国家来说，相比节省了水资源所带来的收益，减少漏损率的投入是否值得呢？或者说，将漏损率减少到何种程度时，两者加和的环境效益是最佳的呢?

　　研究采用生命周期评估法,对两方面的环境影响进行了比较:生产和供应当中未能最终到达用户而损失的水,以及为降低漏损率而采取的措施。LCA法根据4个步骤来评估环境影响:目的与范围确定、清单分析、影响评估和解释说明。研究根据法国一个自来水公司的实际案例,假设了一个含4个漏损控制阶段的场景,每个阶段的持续时间为5年,期间分别采取一定的常见漏损控制措施来使得供水效率达标;每一阶段的供水效率逐级提高,上一阶段所最终达到的标准为下一阶段的初始值。研究通过考量每一阶段所节约的漏损总水量、所用措施的生命周期、不确定度等,采用LCA法得到最终的评估结果比较。

第三节　用　水　计　量

一、用水计量器具

　　水表、流量计是用水计量中使用最广泛和最重要的器具。用水单位应当根据实际需要选择适合精度要求的用水计量器具对用水量进行计量,并应按照国家要求对用水计量器具进行首次强检和定期校核。节约用水管理部门根据国家标准《用能单位能源计量器具配备和管理通则》(GB 17167—2006)对各个级别用水计量的用水限定值和水表配置率等要求对用水单位的水表安装情况进行监督检查。用水计量器具的配备按分户、功能分区、主要设备应实现三级计量。

二、用水计量器具安装

　　推进用水计量器具安装,是实行计划用水、节约用水,实现水资源科学配置的重要基础工作,是合同节水改造的核心内容之一。

　　选择水表口径不仅要考虑安装地点的管道直径,还要考虑经常使用流量的大小来选择适宜口径的水表,以经常使用的流量接近或小于水表要求流量为宜。水表安装位置应选择方便拆装和抄表的地方,并应防止曝晒和冰冻的污染。同时,水表前应装油阀门,以便断水拆装水表。安装时,应除去管道的麻丝、矿石等杂物,以防止滤水网堵塞,否则会使数值误差增大,并影响供水。水表应水平安装(立式水表水平垂直安装除外),标度盘应向上,表壳上箭头方面应与水流方向一致。水表为精密计量器具,使用中应防止强大外力作用表体,使用者不能自行破坏铅封及拆卸内部构件,如怀疑示值误差过大,可报送相关部门检测。

第四节　用　水　器　具　改　造

一、安装节水型器具

　　采用节水型器具,包括节水型水嘴、节水型便器、节水型便器冲洗阀、节水型淋浴器、节水型洗衣机等。

1. 认准"水效标识"

我国于 2018 年 3 月 1 日起，正式实施《水效标识管理办法》，消费者可以通过扫码识别器具节水性能（图 9 - 2）。

目前水效评价等级划分为 3 个级别：1 级为高效节水型器具；2 级为节水型器具；3 级属于市场准入的节水型器具。所以，有"水效标识"并不代表它是节水型器具。选择水效评价等级 2 级及以上的产品才是节水型器具。

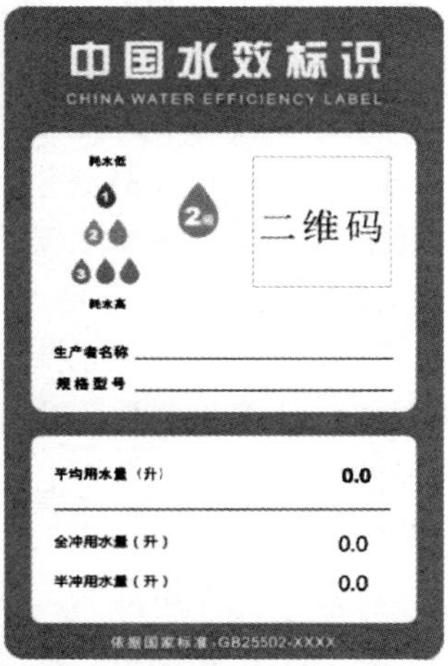

我国坐便器年产量超过 4000 万件，水嘴年产量达 1.5 亿件，洗衣机年产量 3200 万台，滴灌带年产量达 250 亿 m。据初步测算，水效标识制度的实施每年将节水 60 亿 m^3，折合水费超过 120 亿元。同时，水效标识的应用也有助于消费者选择节水效能高的用水产品，促进企业生产优质的节水型产品，形成全社会节水的良好氛围，推动节水型城市建设。

目前，水效标识制度的适用范围只覆盖坐便器、水嘴、洗衣机、净水器等生活用水产品。

图 9 - 2　水效标识

随着市场的成熟，根据不同用水产品技术成熟度、市场监管能力和水效标准完善情况，将适时拓展到商用产品、工业设备、灌溉设备等。

2. 水嘴的选择

市场上常见的节水型水龙头一般有：手压式水龙头、脚踏式水龙头、感应式水龙头、节流水龙头、延时自动关闭水龙头、停水自动关闭水龙头、陶瓷密封片系列水嘴、节水冲洗水枪、电磁式节水水嘴装置等。

3. 卫生间节水器具的选择

新建住宅和公共场所建筑物均使用冲洗水箱小于 6L 的坐便器或脚踏式蹲便器，小便器推广非接触式控制开关装置。淘汰进水口低于水面的卫生洁具水箱配件、上导向直落式便器水箱配件和冲洗水量大于 6L 的便器及水箱。

市场上常见的节水型便器一般有：普通节水型坐便器（可分为虹吸式、冲落式和冲洗虹吸式三种）、感应式坐便器、改进型低位冲洗水箱、改进型高位冲洗水箱、免冲式小便器、感应式小便器等。

4. 节水型淋浴喷头的选择

使用传统淋浴喷头洗澡时，其喷射的常见流量均在 10～12L/min 以上，洗浴时间若按平均每人每次冲洗 10min 计算，则平均每人每次需用掉 100L 温度为 45℃的水；当使用节水淋浴喷头后，由于最佳流量在 3.5～4.5L/min，因而平均每人每次最多用去 4～5L 温度为 45℃的水。

二、用水器具改造

1. 水嘴加装节水帽、限流器、起泡器

节水帽是一种新的节水管件，它可通过螺纹与各种高、中、低档混水阀、水龙头连接一体，能很方便地进入千家万户、进入所有需要节约用水的场所。在水压和流体连续性原理的共同作用下，自来水变成了具有较大动能和动量的高速喷射水流，自动改变水龙头的功能和洗涤方式，迅速使所有水龙头实现大幅节水。

限流器的节水原理是什么呢？简单地说，就是减少水龙头的出水量。对比实验表明，将没有安装限流器的水龙头打开，用一个8L的水桶接水，统计装满的时间，用时24s。装上限流器的水龙头，相同的水桶装满用时1min。水龙头的流量从20L/min下降到8L/min。8L/min的流量已完全可以满足人的需要了。

起泡器是指一种使水流有发泡的效果及节约用水的器具。随着生活水平的不断提高，人们越来越重视生活质量．水嘴是人们日常生活中最常见的水流控制开关。对于老式水嘴，由于在使用时存在水流快、水量大、易飞溅等缺点，已经逐渐被采用了起泡器的新式水嘴所取代。起泡器作为水嘴的关键元件，已经被广泛地应用在各种水嘴上。起泡器可以让流经的水和空气充分混合，有了空气的加入，水的冲刷力提高不少，从而有效减少用水量，节约用水。一般高档的水龙头水流如雾状柔缓舒适，过滤水中的杂质，还不会四处飞溅，这就是起泡器所起到的作用。

节水效果：起泡器可以让流经的水和空气充分混合，形成发泡的效果，提高冲刷力，从而减少用水量，安装了起泡器的水龙头，比没有该装置的龙头要节水约50%。

过滤能力：多层滤网能过滤大多数泥沙、杂质，内部网格可以过滤大颗粒的杂质。

恒定水流/出水量：带有压力补偿或限流装置（常见于花洒）能在水压过低时保证一定出水量，在水压过高时限制出水量，在水压不稳时稳定出水量。

防溅、降噪：混入空气后水流柔和，冲击力降低，缓冲后的水柱均匀，水柱垂直降低喷溅。

2. 小便器加装红外感应着墨

很多公共场所小便池采用长流水的冲洗方式，浪费水量较大。可以加装红外感应节水喷水装置。采用扇面雾化喷水冲洗设计，通过节水喷嘴，加大喷射面，减少出水口，大幅降低冲水时出水流量。同时，远红外感装置能准确感应人体存在，可有效实现人来喷水，人走水停，防止长流水浪费。也可根据各种实用需要，通过控制装置，定时定量均匀喷水。

3. 调节便器冲洗阀

很多公共场所的大便器冲水都采用了延时阀，延时阀存在冲厕时间长、流量大、浪费严重的问题。可以通过技术手段，在保证洁厕效果的前提下，调节冲厕时间，加装节水阀，控制出水流量。

恒流冲厕节水阀阀体内装有止水塞、限位槽、密封式活塞及复位弹簧等，组成流量自动调控装置。恒流节水器的特点是：水压大时，过流面积小，水压低时，过流面积大。达到增压节流，提高冲洗力度和节水的目的。供水压力越高越节水。节水效果达到40%～60%。

4. 改变便器出水点流态

通过校正便器陶瓷的出水孔，改变便器出水点流态，可以达到用水减少，局部冲污力增强的效果，从而达到节约用水的目的。

第五节　废水收集回用技术

通过污水回用，可以在现有供水量不变的情况下，使城镇的可用水量增加50％以上。国内外的实践经验表明，城市污水的再生利用是开源节流，减轻水体污染，改善生态环境，解决城市缺水的有效途径之一，不仅技术可行，而且经济合理。

一、空调冷却水收集回用

空调冷凝水的随意排放给我们的生活带来了很多麻烦，而且随意排放冷凝水也是对水资源的浪费，我国的淡水资源本来就很稀少，而且我国的人口数量还多，所以我们就更应该节约用水，对于空调中的冷凝水也应该进行回收利用。很多人在使用空调的时候都会直接将空调中的冷凝水直接排放到室外，这样不仅浪费水资源，而且还会给生活带来污染，所以应该好好利用空调中的冷凝水，做到真正意义上的节能减排。

1. 空调冷却水的特点

（1）空调冷凝水成分复杂。分析空调冷凝水的形成过程，可以知道它是由空气中的水蒸气冷凝形成的，从它的形成过程我们可以判断它应该是纯净水。但是，空气中不是只有干空气和水蒸气，还有其他的细菌、病毒、灰尘等一些对人体健康有危害的物质。所以，当空气中的水蒸气在冷凝的时候，也会将这些对人类身体有危害的物质一起冷凝成冷凝水。而且，空气中的污染物质越多，冷凝水中的污染物质也会越多，正是因为这个原因，人们才没有将冷凝水直接利用。众所周知，人们每天饮用的水都是经过消毒才通过自来水管流入千家万户的，而且饮用水里是不含病菌和杂质的，人们饮用起来是对身体无害的，这样才能放心饮用。相比之下，空调中的冷凝水成分比较复杂，人们不能放心饮用和使用，所以就会造成空调冷凝水的浪费。

（2）空调冷凝水收集点分散。空调冷凝水收集起来非常复杂。一些空调是集中式的中央空调系统，这样的空调中的冷凝水收集起来比较容易，因为它的冷凝水收集点分布的比较集中；然而其他的空调系统的室内机组分布在空调房间的不同房间的各个区域，因为它们分布在不同的地方，冷凝水的收集点就变得非常分散，所以收集起来非常困难。冷凝水收集点不能集中分布，这给冷凝水的收集带来了很大的困扰，在一定程度上影响人们对冷凝水的回收利用。而且要想将空调中的冷凝水收集起来还必须有一套冷凝水收集管系统，这就大大增加了空调冷凝水的收集难度和收集成本。

（3）空调冷凝水温度比较低。从空调冷凝水的名字上可以知道，冷凝水是需要经过冷凝才能得到的，所以冷凝水的温度比较低。在使用空调的时候可以注意到，不论是空调的制冷系统还是水系统，室内机组换热管表面温度都非常低，而且空调冷凝水的温度也非常低。正因为它们的温度都比较低，所以可以把它作为辅助制冷源头加以运用。可以利用空调冷凝水温度比较低这一特点，将它应用在更多有用的地方，这样空调冷凝水就可以被更好地利用。

2. 空调冷凝水的回收利用

（1）作为卫生用水。在一些公共场所，如候车室、机场、大型商场，这些地方人流量非常密集，所以会有非常多的人使用卫生间，在这个过程中就会消耗很多的卫生用水。卫生用水没有严格的要求，只要它没有异味、透明就可以。候车室、机场、大型商场这些地方都会有中央空调，而大型的中央空调产生的冷凝水比较多，如果将这部分冷凝水回收利用当作卫生用水会节约很多水资源。将中央空调室内机产生的冷凝水通过管道流进冷凝水储水箱中，如果储水箱的安装高度是2～3m，就可以利用这个高度差将储水箱中的冷凝水作为卫生用水，这样的装备投资成本非常低，而且基本上没有运行费用，实施起来非常可行有效，而且还可以将空调中的冷凝水很好地运用到生活中，非常符合节能减排的理念。将这些冷凝水利用起来作卫生用水，将会节约非常多的水资源，而节约下来的这部分水资源还可以留给子孙后代继续使用。

（2）作为饮用水。虽然空调中的冷凝水含有很多杂质不符合饮用水的标准，但是空调中的冷凝水却是纯净水，从这一点上来看，它还是有符合饮用水的地方。可以对空调中的冷凝水使用一些特殊的净化工序，对冷凝水进行消毒、杀菌从而使它们达到饮用水的标准。在生活中，所饮用的水在变成饮用水之前都是需要经过加工处理的，因为地下水、地表水等淡水资源里都会含有一些杂质和细菌，所以这些水在流进千家万户之前都会经过一些必要的处理。与家中的饮用水比起来，空调中的冷凝水在净化处理的过程只是会稍微复杂一些，但是经过深层次的加工处理，这些水在饮用的时候就会更加安全，对人体没有危害。在水资源匮乏的地方，可以通过回收冷凝水的方式生产饮用水，这样生产饮用水的成本一定低于从大陆送水的成本，而且还不受其他因素的影响，既节约成本又节省时间。

（3）使用空调冷凝水冷却风冷型冷凝器。我们都知道，散热器的散热效果会直接影响风冷型空调器的制冷效果，如果散热器的散热效果好，那么空调器的制冷效果就好；如果散热器的散热效果不好，那么空调器的制冷效果就比较差。然而，风冷型冷凝器所处的环境温度又直接影响到风冷型冷凝器的散热效果。风冷型冷凝器周围的温度越高散热效果就越不好，周围的温度越低散热效果就越好。所以，通过这个理论可以知道，如果想要提高空调冷凝器的制冷效果，那么只需要提高冷凝器的散热效果就可以。另一方面，可以将空调产生的冷凝水收集起来，然后将它们喷洒到冷凝器的表面上，这样就可以降低冷凝器表面的温度，同时还可以提高空调冷凝器的散热效果。随着空调冷凝水的再次蒸发还会带走一部分温度，从而进一步改善空调冷凝器的散热效果。

（4）用作加湿功能，调节室内的湿度。将空调中的冷凝水收集起来可以对室内环境进行加湿，调节室内的湿度。众所周知，生活的环境不能太过于干燥，因为过于干燥的环境对人的身体有害，所以加湿器在生活中扮演着非常重要的角色，将空调中的冷凝水收集起来，把它们放入加湿器中，也能对房间进行加湿，改善居住环境。虽然空调中的冷凝水里含有一定的杂质，但是并不影响对室内环境的加湿，因为它们本身就是由空气冷凝形成的，所以对人的身体健康没有影响。其实，将空调中的冷凝水用于加湿室内环境，就是将水蒸气变成液态水，再由液态水变成水蒸气的过程，只是这个过程在反复循环进行。

（5）自动清洗功能。在制冷模式或者是在抽湿的模式下，流动速度非常快的冷凝水可以将蒸发器上的灰尘带走，而空调内部流动的空气可以吹干蒸发器，这样就可以达到自动清洁空调的目标。高速流动的冷凝水具有很大的冲击力可以将蒸发器上的灰尘带走，从而使空调更加的干净、整洁。

对空调中的冷凝水进行回收利用，这个理念对每个国家的发展都具有非常重要的意义。所以要加强对空调中冷凝水的回收和再利用，减少水资源的浪费。从上文可知，空调中的冷凝水具有很大的利用价值，将它们集中的收集起来可以应用到生活中的方方面面。人们一定要明白，空调产生的冷凝水不是废水而是一种经过处理可以再利用的水资源。对空调中的冷凝水进行回收再利用，无论在哪个方面都是对国家和人民有好处的。所以要研究出更多冷凝水回收利用的方法，将空调冷凝水应用到更多领域。

二、洗涤废水回用技术

洗涤污水主要由肥皂、油脂、合成洗涤剂、清洁剂以及少量细菌、大肠菌群、病毒等有毒、害物质组成，已成为重要的水质污染源。洗涤污水有机物浓度变化较大，浊度较高，BOD/COD 比为 1：0.45 左右，可生化性较好。洗涤剂的有效成分是表面活性剂和增净剂，此外，还有漂白剂等多种辅助成分。表面活性剂按其分子构型和基团的类型，可分为阳离子型、阴离子型和非离子型 3 类。后两种在工业和生活中大量使用。

采用科学方法对洗涤污水收集回用，可以达到部分洗涤废水循环。污水经汇集管道汇集后，经格栅去除飘浮物、悬浮物等杂质后自流入调节池。调节池设一级潜污提升泵两台，将污水提升入混凝沉淀池，废水在该池内经过与药剂混合反应，然后沉淀，上清液出水进入水解酸化池，通过厌氧和兼氧微生物的作用，将大分子的污染物转化或降解成小分子的物质，难生物降解的有机物转化为易生物降解的有机物，以提高废水的可生化性能。水解酸化池的出水自流入生物接触池，通过好氧微生物的作用，将废水中的污染物分解、转化为 H_2O、CO_2、NH_3 等物质，大幅度去除废水中 COD、BOD。接触氧化池出水进入 MBR 膜超滤系统进行泥水分离，消毒后出水各项污染指标达到规定的排放标准，洗涤污水处理工作原理示意图见图 9-3。洗衣废水经过上述系统处理后可重新进行回用，去除硬度后，还有利于减少洗涤剂的用量，而且衣物更易清洗干净。整个系统也维持着良性循环的状态。

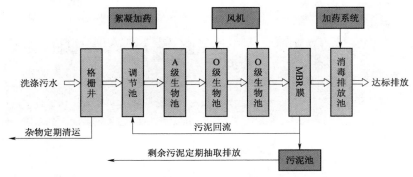

图 9-3　洗涤污水处理工作原理示意图

三、 直饮水设备废水收集回用

现代直饮水设备工程给人们提供了一种新型的、健康的饮水方式，将原水泥沙、各种微生物细菌杂质过滤，与此同时也会产出废水，而这些废水如果直接排除的话，就会很浪费，因此一定要将废水合理利用。

直饮水设备在生产的时候会产生 4 倍以上的废水，这是因为 RO 膜的主要作用是去除水中的盐分，压缩活性炭过滤的净水，冲刷、带走膜表面的盐分，所以说排走的水是净水，要比原水干净的多，只是盐分比原水增长了 20%。因此直饮水设备排出的废水可以进行回收处理，然后二次净化，或者排出的废水如果量大的话，可以用于灌溉，或者作为生活用水，还是比一般水质干净的。

四、 洗浴等低浓度污水

洗浴废水是生活污水的主要来源之一，特别高校等人员密集的用水户洗浴废水量很大。洗浴废水具有水量大、污染轻、水质稳定的特点，所以，洗浴废水应优先作为一种再利用的水源来开发，必将在城市节约用水中发挥重要作用。可以根据实际情况加装低浓度污水处理装置，收集处理洗菜、洗漱、洗浴净化后的水用于冲厕、打扫、浇花。

第六节　雨水收集利用技术

雨水收集利用是指雨水收集的全过程，可分为 5 个主要环节：收集汇总、进入集水设施、过滤消毒净化、提升和再利用。其工作原理图见图 9-4。收集的雨水可以用于景观补水、绿化灌溉、道路清洁、厕所清洁、循环冷却水和消防用水等。

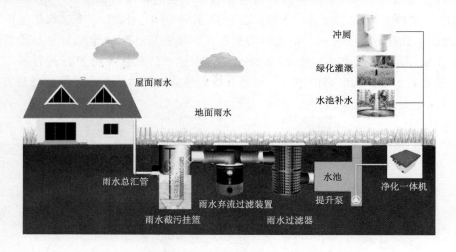

图 9-4　雨水收集利用工作原理示意图

屋顶下雨，屋顶上的雨水比较干净，几乎没有杂质和沉淀物等污染物，可以通过丢弃和过滤将其直接排放到储水系统中。

地面下雨，地上雨水中杂质很多，污染源复杂。在弃流和粗略过滤后，还必须进行沉淀才能排入蓄水系统。

在材料应用上，尽量选用渗透性强的环保材料，以适应城市低碳环保的政策，最大限度地减少不透水表面，努力探索新材料和新技术的应用，合理地使用再生材料和清洁能源，从根本上降低管理和养护的成本。

集水设施可以选择 PP 雨水收集模块。雨水收集模块是雨水收集利用系统中的一部分，若干个雨水收集模块单元组合起来，形成一个地下贮水池。在水池周围根据工程需要包裹防渗土工布或透水土工布，组成贮水池、渗透池、调洪池不同类型。用雨水收集模块组装水池，安装方便，承载力大，不滋生蚊蝇及藻类，在临建地区域使用后，可以拆除迁移到其他区域继续使用。

第七节　城市绿地节水灌溉技术

一、常用节水灌溉技术

目前，我国的城市绿地节水灌溉技术已比较成熟，适应节约型园林的节水灌溉技术应用在国内已经较为普及，下面是 4 种节水灌溉技术。

1. 低压管道输水

低压管道输水是将管材埋入地下，通过地下暗管低压输水。这种有压管道输水与传统明渠输水方式相比，节省输配水过程中的蒸发、渗漏等水量损失，将输水效率提升至少90％。通过控制输水压力，调节输水流量，避免了土壤冲刷、盐碱化等问题。低压管道输水方式还节省了绿化面积，起到了提升园林整体景观效果的目的。

2. 喷灌

喷灌是通过专业设备将有压力的水喷射到空中，均匀地洒在土壤表面，供植物吸收的灌溉方法。基本原理是水源取水，泵站加压后，压力管道输水至灌水器喷灌浇水。喷灌适用于灌木、草坪、花卉等低矮植物，喷洒密集、均匀。大面积草场、娱乐绿地都采用喷灌方式。

其优点是对不同地形适应性强。可以设置在地面灌溉方法难以实现的复杂地形。通过控制灌溉时间、输水压力控制供水速率。土壤饱和前，若供水速率低于土壤的渗透率，土壤表面不会产生地面径流、地下渗漏，解决了无效用水、水土流失、土壤盐碱化等问题。其缺点是受风速影响较大。当风速大于 5.5m/s 时（相当于 4 级风），就能吹散雨滴，降低喷灌均匀性，不宜使用。

3. 滴灌

滴灌由压力管道输水至灌水器，灌水器将灌溉水流在一定的工作压力下注入土壤，它是滴灌系统的核心。水通过灌水器，以一个恒定的低流量滴出或渗出后，在土壤中以非饱和流的形式在滴头下向四周扩散。滴头出水流量很小，浇灌时间较长。

滴灌管道一般埋设到土壤内，长时间对土壤输水，影响了草坪根部的正常呼吸，因此滴灌溉系统不适用于灌溉草坪。其主要应用在灌木、花卉、行道树等园林绿化中。

滴灌溉特点是流量较小、输水时间、频率较长，缺点是对水质要求较高，滴水口易堵塞，养护成本较高。

4. 微灌

微灌是利用低压水泵和有压管道系统输水，在低压水的流动下，通过微型雾化喷头，把水喷射到空中散成细小雾滴，均匀地喷洒到植物根区，以实现灌溉的一种节水灌溉技术。

微灌是节水最大、灌溉效率最高的一种节水措施。它是介于喷灌与滴灌之间的灌水技术。优点是节水效率高，适用于多种需水植物；设备操作简便。可通过调整喷嘴和分水器将微灌溉转化为滴灌。受风影响小，因安装位置较低、喷洒仰角较小，在季风气候仍可正常使用。

二、　智能灌溉设计技术

智能灌溉技术是个系统工程，由泵站、管道、数据线、电磁阀、灌水器、气象站、中央计算机构成，通过设计，在现场安装完成。

由气象传感器把与植物需水相关的气象参量，反馈给中央计算机控制决策设备，通过中央计算机预装的专用软件，运算出植物前一天损耗的水量，并决策今天是否补充水分和补多少水分；若需补水，中央计算机向下属的各控制器发出指令；控制器接到指令即控制其辖区内的机组（或总阀门）和电磁阀的启闭，在一定的时间内按一定的顺序自动完成园林绿地的灌溉并自动停机，相当于工厂里的智能生产线，见图 9-5。

图 9-5　灌溉基础信息采集传感器
示意图

三、　水肥一体化灌溉技术

水肥一体化技术又称灌溉施肥技术，是将灌溉与施肥结合在一起发展起来的一种现代先进灌溉技术。借助灌溉系统，利用灌溉系统中的水为载体，在灌溉的同时进行施肥，实现水和肥一体化利用和管理，使水和肥料在土壤中以优化的组合状态供给给作物吸收利用。按照植物生长需求，进行全生育期养分需求设计把作物所需要的水分和养分适时、定量、定时的根据植物不同的生长期按比例直接提供给植物。这样可使灌水量、灌水时间、施肥量、施肥时间都达到很高的精度，具有水肥同步、集中供给、一次投资、多年受益的特点，从而达到提高水肥利用率的目的。

第八节　智慧节水监控平台系统

建立"物联网＋"智慧节水监管平台，实现远程用水监测、分析、统计和报警管理。

"物联网＋"智慧节水监管平台主要由感知层、物联层、应用层和平台层等构成，在物联网的体系架构下实现对重点用水设施、设备、用水单元等的感知、传输、监测、分析、管理，具有全面感知、可靠传递、智能处理3大物联网的本质特征。系统通过"数字化"的方式，将传统的节水管理从"模糊"概念变成清晰数据，为管理人员提供更便捷、更科学的决策支持，从而实现科学管理、精细管理、高效管理。

一、系统概述

智慧节水监管平台通过在供水基础管线上配置智能远程计量水表，实时在线监测用水实时参数，并借助传输网络将数据上传至数据中心，实现各用水单位的用水量在线监测，并按给水管网流向对各建筑和区域用水等进行数据统计，便于给水维护和管理人员使用、分析和决策等，实现工作效率的提升。"物联网＋"智慧节水监管平台等构图见图9-6。

图9-6　"物联网＋"智慧节水监管平台架构图

方案配置按物联网架构分为三层：感知层、传输层、应用层。

（1）应用层：由应用服务器，数据服务器，管理终端组成。应用服务器用于安装平台软件及业务系统软件，数据服务器用于安装数据库软件，管理终端则由后勤/物业管理负责人使用。

（2）传输层：以以太网为基础，通过网络交换机，接智能数据网关，智能数据网关将监测数据通过物联传输至数据服务器。

（3）感知层：在给水管网中通过安装多级计量表具的方式，形成多级核算体系，可用于给水管网的水平衡测试。

同时，依靠系统强大的数据分析功能，可以自动进行给水漏失分析和用水异常情况识别，辅以系统消息、手机短信等方式提醒相关人员，帮助业主及时发现跑冒滴漏现象，为故障检修争取时间并最大限度地减少浪费，强化供水保障。另外，系统借助 Web 形式，使得各级管理人员无论何时何地，都可以轻松地对各部门、楼宇的用水情况进行监测、统计、分析、管理和综合决策。

二、 业务流程

业务流程图见图 9-7。

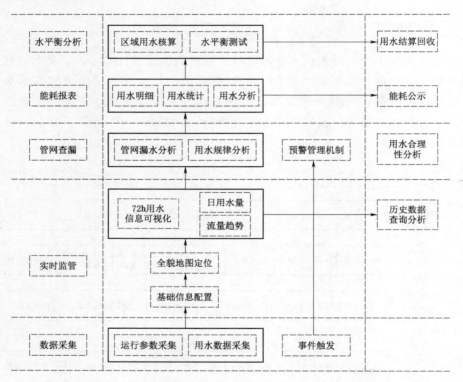

图 9-7 业务流程图

三、 主要功能

智慧节水监管平台通过实时监视和采集用水管网各部位的累积水量，提供区域/管网的给水实时监测、数据统计分析、异常水耗识别、区域水平衡分析等一系列功能，帮助管理人员建立一套水管网监管的智慧化平台，满足业主水资源利用数据统计、运维保障、综合分析、管理决策等的需求。

1. 给水管网监管系统

给水管网监测系统通过实时监视和采集用水管网各分区的水量和水压，提供区域/管网的给水实时监测、异常水耗识别、区域水平衡分析、数据统计分析等一系列功能，帮助学校能源管理人员建立一套水管网监管的智能化平台，满足用水单位水资源利用数据统计、运维保障、综合分析、管理决策等的需求。

（1）管网地图展示。系统提供校园给水管网的实时仿真展示功能，操作人员可以通过校园的平面图逐级浏览给水管网的所有信息，可在地图上进行各级分区和管网放大、缩小、拖拽、标注等各项操作，精确定位计量点并查看计量点实时用水信息等（见图 9－8）。

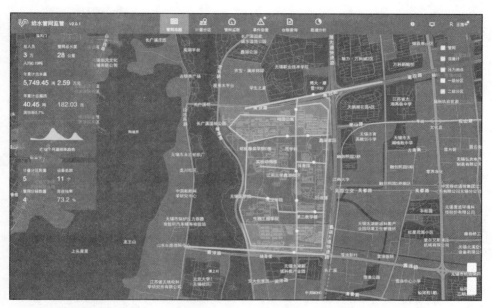

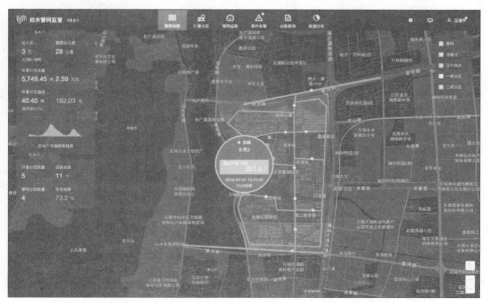

图 9－8　管网地图

（2）用水计量分区。实时监管各分区用水状况，对72h内用水状况可视化呈现，管理人员可通过查看用水流量趋势及日用水量分析用水合理性。分区计量图如图9-9、图9-10所示。

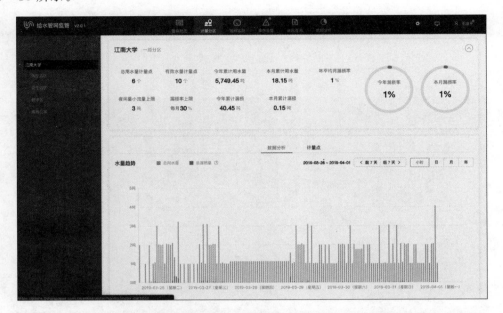

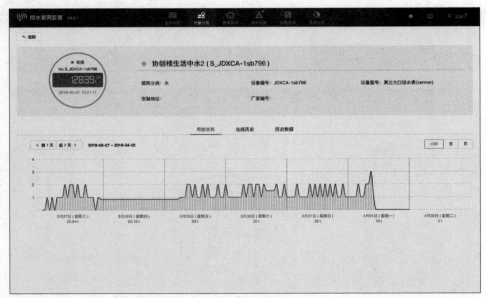

图9-9　分区计量图

（3）给水管网监测。系统实时监测各分段管网的流量。通过输入数量和输出水量的计算，建立管网用水模型，计算管网的漏损量，并按照小时、日、月、年等不同颗粒度进行数据分析。系统实时监测各关键节点上的供水压力，显示压力实时变化曲线。压力预警，保障供水压力。为管网调压降漏提供数据支持。给水管网监测图如图 9-11 所示。

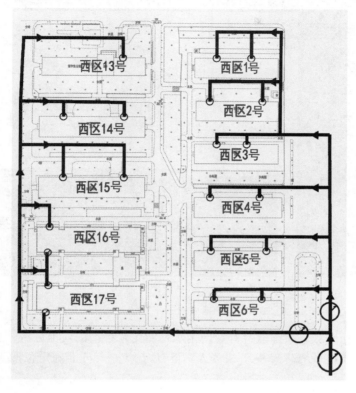

图 9-10 分区计量示例图

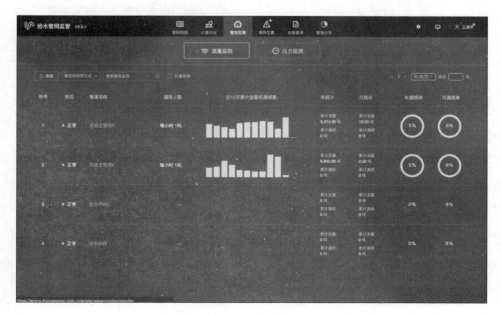

图 9-11（一） 给水管网监测图

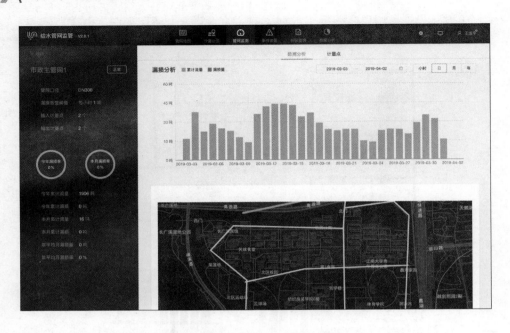

图 9-11（二）　给水管网监测图

（4）异常水耗监测。系统通过对管网用水量及用水模型的匹配分析，自动发现校园异常用水情况，并通过系统告警提示相关人员。便于维护人员准确定位漏点范围及故障排除。异常水耗预警图如图 9-12 所示。

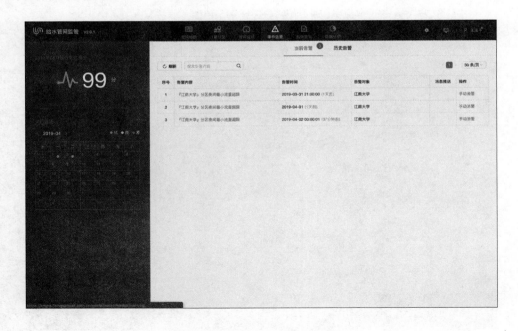

图 9-12（一）　异常水耗预警图

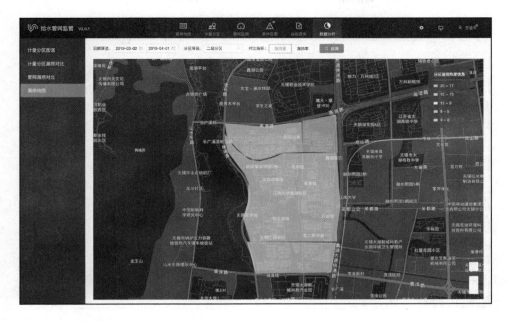

图 9-12（二） 异常水耗预警图

（5）用水台账分析。通过系统，操作人员可查看用水区域或部门的所有年、月的台账，以及用水分项、用水性质的年、月汇总信息，统计信息可对学校用水区域或部门进行能源公示。并且支持单独或批量打印报表，支持报表导出为 Word、Excel、PDF 等通用格式文件。用水台账分析图如图 9-13 所示。

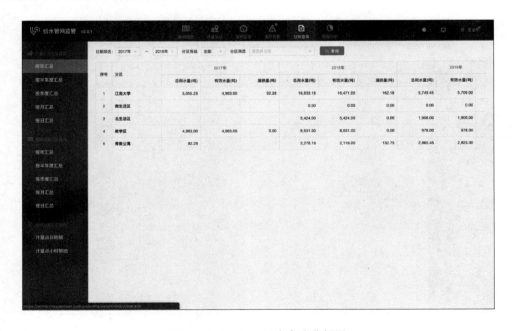

图 9-13（一） 用水台账分析图

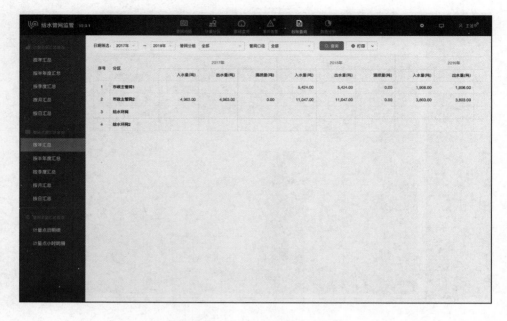

图 9-13（二）　用水台账分析图

（6）综合数据分析。系统提供校园给水管网平衡分析功能，在理清校园给水基础管网信息的条件下，通过系统配置给水总表、区域表、楼栋表的总分关系，系统会根据相应时段内各区域水量进行实时平衡分析，从而协助校园相关运维人员及时发现管网异常，控制管网漏损。综合用水分析图如图 9-14 所示。

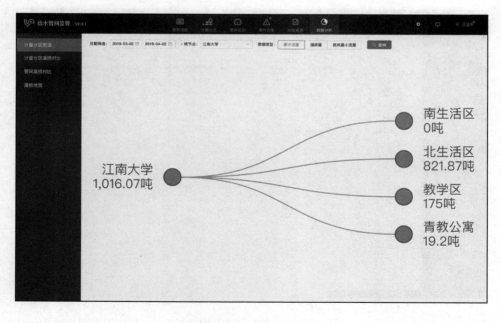

图 9-14　综合用水分析图

2. 雨水（中水）回用监控系统

雨水（中水）回用系统是通过屋面、广场地面等收集雨水（或食堂中水、卫生间洗手池灰水），经过净化处理后，供冲厕、洗车、绿化、景观等场景使用，替代传统水源（市政供水）的使用，节约水资源。

雨水（中水）回用运行监控系统则是通过智能数据网关，获取现场实时运行数据。实时监测雨水池、蓄水池水位，监测各个水泵的运行状态，提供远程手动控制的功能。通过加装流量计，计量雨水、自来水补水或食堂污水水量，并计量浇灌、绿化、洗车等各项使用量。通过与建筑的总用水量进行对比，计算传统水源替代率。结合耗电量、运营费用等相关数据进行系统的全生命周期管理和成本核算。雨水（中水）回用监控图如图 9-15 所示。

图 9-15　雨水（中水）回用监控图

（1）综合看板。综合看板界面将系统多个维度的信息整合在这里，让用户能够第一时间掌握系统的主要运行情况。包括基本信息〔对接的雨水（中水）回用项目的数量、累计回收雨水量、各系统累计用电量、建设投入费用以及年运营投入费用等〕；显示近 12 个月的用水来源和用电量情况，采用不同的颜色表现用水来源和用电量的使用情况，使数据更加直观；将各雨水（中水）回用系统自投运以来水回收量进行对比，通过饼状图和列表两种形式，显示各系统的水回收情况。综合看板图如图 9-16 所示。

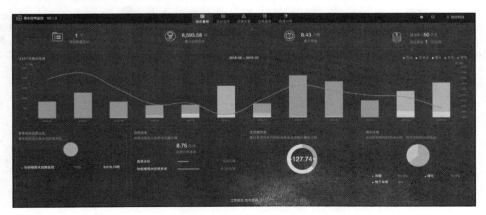

图 9-16　综合看板图

（2）实时监控。从模拟图中可以直观地看到雨水（中水）回用系统的运行方式，但是根据雨水（中水）回用系统设备的不同型号、装置，不同的处理方式，不同的使用场景，配置的模拟图也都各不相同，需要具体系统具体分析。

以图9-17为例，雨水通过水渠、管网等方式汇集，先后通过截污挂篮、初期弃流装置、过滤装置进行简单过滤后，到达蓄水池。当收集到的雨水低于蓄水池一定水位后，会使用河水进行补充。蓄水池中的水需要进一步净化才能达到使用标准，根据使用场景不同，可使用不同的工艺处理，图9-17中是通过"微生态滤床"将水进行净化。进一步过滤后的水通过水泵进入清水池，随后由水泵提升到不同场景使用。另外，为了避免连续不降雨导致水位太低，清水池会加入自来水补水口，通过电动阀控制，当清水池低于一定水位时进行自动补水。

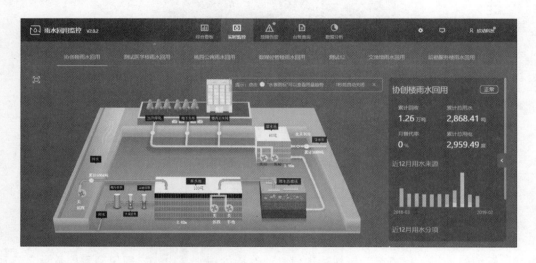

图9-17　设备实施监控图

图9-17中的水流方向为实际管道中水的流动方向，蓄水池和清水池的水位会根据雨水回用系统实际的水位高度进行标注，图9-17的各水泵也会根据实际的开启和关闭显示动效。

右侧是该换热站的基本参数信息和用水、用电状况。界面整合了雨水回用系统多个维度的信息，让用户能够第一时间掌握项目的主要运行情况。包括当前项目的基本信息和运行情况。基本信息包括项目的投运年份、建设费用、年运营费用、蓄水池的高度和容量、清水池的高度和容量以及设计替代率等。项目运行情况包括系统上线后累计回收雨水的用量、累计总用水量、累计总用电量和回用水使用成本，见图9-18、图9-19。

（3）故障告警。当平台收到报警或故障信息时，平台将以短信、电话或APP推送等方式通知管理人员，提醒关注故障状况，并采取相应的措施消除隐患。所有告警信息及远程控制均被记录入日志，并可供用户方便查询。设备故障报警图如图9-20所示。

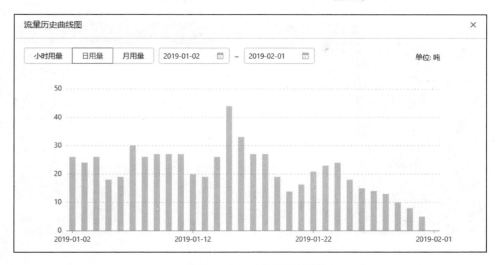

图 9-18　用水流量监控图

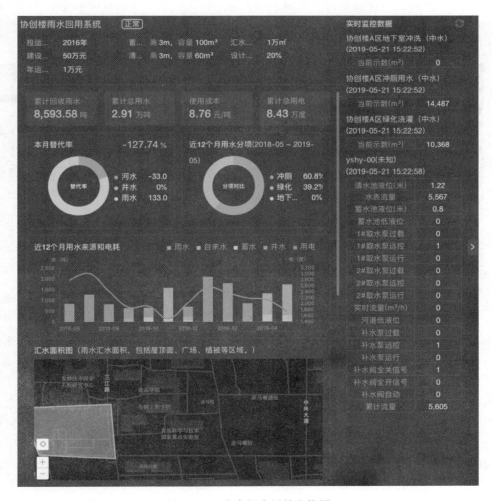

图 9-19　非常规水用量监控图

图 9-20　设备故障报警图

（4）台账查询。对监控系统中各雨水（中水）回用系统的用能情况进行汇总，并对具体某一个计量点信息的明细数据进行查询（图 9-21）。从整体和细节上对整个系统的能源使用情况进行掌握。

图 9-21　台账查询图

（5）数据分析。用水来源分析、水系统成本分析、用水分项分析、月替代率曲线等分析图（图 9-22）。

3. 二次泵房运行监控

二次泵房运行监控系统通过液位计监测水箱水位，对接水泵控制器，随时掌握水泵运行状态，通过加装压力计、流量计，监测各机组出水压力和出水流量。加装地面水浸传感器、烟雾传感器、温湿度传感器监测泵房内部环境状态。对接监控探头，获取泵房实时监控画面。针对重要点位数据，设置告警阈值触发告警，缩短事件响应时间。通过视频监控探头，获取泵房实时监控画面，与门禁联动，进行出入图像抓取。定期生成运行报告、水电台账和数据分析图表。泵房监控图如图 9-23 所示。

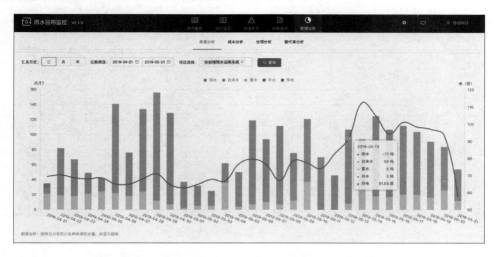

图 9-22 数据分析图

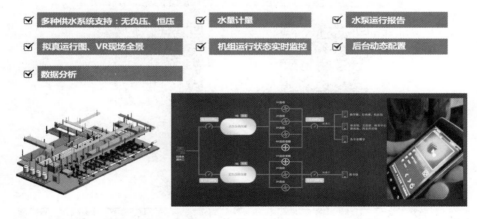

图 9-23 泵房监控图

4. 智慧运行管理

智慧运维主要目标是提高物业体系人员工作效率,保证建筑中的设施设备长期稳定有效运行。通过将各类设备的监控报警和异常情况实时监控,统筹管理,快速解决各种问题。智慧运维地图总览见图 9-24。

针对所建设的水龙头、大便器、小便器、净水机等设备及雨水回用系统、中水处理系统、二次泵房系统等设施张贴二维码(图 9-25),既可进行节水器具说明和科普宣传,还可以通过扫描二维码实现设备设施报修。

5. 节水智慧监管数据综合展示

"物联网+智慧节水监管平台"能够支持大屏投放(图 9-26),对节水机关的整体情况进行汇总,包括:总用水量、人均用水量、管网漏损率、中水替代率、供水效率、用水量趋势、当前设备状态、告警事件等。

图 9-24 智慧运维地图总览

图 9-25 设备二维码巡检图

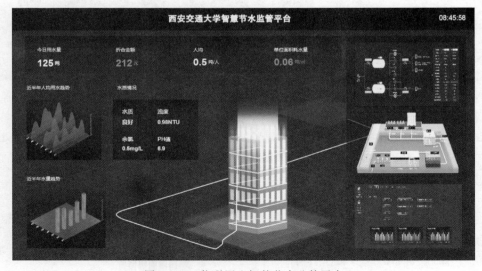

图 9-26 物联网+智慧节水监管平台

第十章　合同节水管理：市场化节水模式助推生态文明建设

【摘要】 水利部认真贯彻落实习近平总书记新时期治水思路，把节约用水作为水利发展改革的首要选项，从如何处理好政府与市场共同发力的关系、更好发挥好市场作用出发，积极进行了实践探索，创新性提出了"合同节水管理"概念，并在高校、医院、机关等公共机构进行了试点验证。本案例在全面介绍合同节水管理模式的背景、意义基础上，梳理总结了河北工程大学合同节水管理试点项目的主要做法，分析提炼了主要成效和基本经验，为我国节水型社会建设和生态文明建设提供了借鉴和参考。

【关键词】 节水优先 水利发展改革 合同节水 机制创新

引言：水是万物之母、生存之本、文明之源。我国人多水少、水资源时空分布严重不均，解决好水安全问题事关"四个全面"战略布局、事关中华民族永续发展、事关国家长治久安。党的十八大以来，习近平总书记多次就治水发表重要讲话、作出重要指示，2014年3月14日，习近平总书记在中央财经领导小组第五次会议上，从全局和战略的高度，对我国水安全问题发表了重要讲话，深入剖析了我国水安全新老问题交织的严峻形势，明确提出"节水优先、空间均衡、系统治理、两手发力"的新时期治水思路。这是习近平总书记深刻洞察我国国情水情、针对我国水安全严峻形势提出的治本之策，体现了深邃的历史眼光、宽广的全球视野和鲜明的时代特征，是习近平新时代中国特色社会主义思想在治水领域的集中体现。党的十九大作出我国社会主要矛盾已经转化为人民日益增长的美好生活需要和不平衡不充分的发展之间的矛盾的重大论断，把坚持人与自然和谐共生纳入新时代坚持和发展中国特色社会主义的基本方略；习近平总书记在十九大报告中指出，人与自然是生命共同体，人类必须尊重自然、顺应自然、保护自然。我们要建设的现代化是人与自然和谐共生的现代化，既要创造更多物质财富和精神财富以满足人民日益增长的美好生活需要，也要提供更多优质生态产品以满足人民日益增长的优美生态环境需要。必须树立和践行绿水青山就是金山银山的理念，坚持"节水优先"的方针，推进绿色发展，推进资源全面节约和循环利用，实施国家节水行动，坚定走生产发展、生活富裕、生态良好的文明发展道路，建设美丽中国，为人民创造良好生产生活环境，为全球生态安全做出贡献。

一、背景介绍

水资源是国民经济的命脉，是人类经济活动的基本和首要的物质基础，水资源的合理开发与利用对人类的社会经济、政治和军事的发展至关重要。人多水少，水资源时空分布不均且与生产力布局不相匹配，是我国的基本水情、国情。"我国水安全已全面亮起红灯，高分贝的警讯已经发出，部分区域已出现水危机。河川之危、水源之危是生存环境之危、民族存续之危。水已经成为了我国严重短缺的产品，成了制约环境质量的主要因素，成了经济社会发展面临的严重安全问题。"严峻的水资源形势，迫切要求我们强化节约用水，促进水资源优化配置与高效利用，从全面建成小康社会、实现中华民族永续发展的战略高度，解决好水安全问题。

党中央、国务院高度重视节水工作，一直把节约用水作为稳增长、调结构、促改革、惠民生的一项重大举措。2002年修订通过的《中华人民共和国水法》明确规定："国家厉行节约用水，大力推行节约用水措施，发展节水型工业、农业和服务业，建立节水型社会。"紧接着在2002年10月，水利部召开了全国节水型社会建设动员大会，对节水型社会建设进行了部署，"十五"期间确立了第一批12个全国节水型社会建设试点，"十一五"期间确立了88个全国节水型社会建设试点，"十二五"期间确立了100个全国节水型社会建设试点。经过节水型社会建设试点的创建，星星之火已成燎原之势，形成了河西走廊、黄淮海平原、南水北调受水区、太湖平原河网区、珠三角、长株潭城市群、黄河上中游能源重化工基地群、环渤海经济圈等典型的节水型社会建设示范带。但是因节水型社会建设的公益性导致节水工作全靠政府，市场在水资源配置中的作用未得到充分发挥。

思路决定出路，方向决定成败。2014年3月，习近平总书记提出了"节水优先、空间均衡、系统治理、两手发力"新时期治水思路，指出解决中国水问题必须优先节水，同时发挥政府和市场的作用，使市场机制在优化配置水资源中释放出更大活力。2015年4月印发的《水污染防治行动计划》（国发〔2015〕17号）进一步明确了节约水资源、节水技术集成推广、节水产业发展、发挥市场机制作用等方面的相关要求。

水利部深入学习习近平总书记"节水优先，空间均衡，系统治理，两手发力"新时期治水思路，把节约用水作为水利发展改革的首要选项，从如何处理好政府与市场共同发力的关系、更好发挥好市场作用出发，积极进行了实践探索，提出了"合同节水管理"的概念，并在高校、医院、机关等公共机构进行了试点验证。通过总结提炼进一步完善了"合同节水管理"这一易推广、可复制的市场化的节水模式，并将推行高校合同节水管理作为2019年和2020年水利部的一项节水攻坚任务。

二、问题提出

党的十八大将生态文明建设纳入中国特色社会主义建设总体布局，把节约资源作为保护生态环境的根本之策。中央全面部署推进生态文明建设，强调划定并严守生态红线，保障国家和区域生态安全。"十三五"时期，是我国全面建成小康社会的关键时期，也是大力推进生态文明建设、转变经济发展方式的重要战略机遇期，对水安全保障要求越来越高，节水型社会建设作为生态文明建设的重要组成部分面临新形势、新任务和新要求，同时也被赋予了新内涵。

我国从2002年开始，启动实施了节水型社会建设，经过十余年的建设，初步建立了最严格水资源管理制度和用水定额标准，工业、农业、城乡生活综合用水效益取得显著提高，水资源保护、水环境治理得到切实加强，节水型社会各项指标全面提升、水资源利用效率和效益不断提高。但是随着经济社会的不断发展和节水型社会建设的不断深入，市场机制作用在建设节水型社会方面发挥不够充分的问题突显，比如节水事业主要由政府投入社会资本参与缺力、节水工程"重建轻管"长效节水管理机制不落地、节水工程重复投资、缺乏节水技术和产品推广应用平台等。这些问题严重制约了节水事业的发展，对生态文明建设也有一定的不利影响。

三、 问题解决

学校、机关等公共机构是城市生活用水大户，具有用水集中、消耗总量大、浪费现象严重、示范带动作用强等特点。目前，全国公共机构数量已经接近 200 万个，公共机构水资源消耗在城市生活用水消费总量中占比较大，在公共机构推行节约用水是直接降低社会水资源消耗的重要措施。

为了贯彻落实年习近平总书记"节水优先、空间均衡、系统治理、两手发力"新时期治水思路，水利部重点在公共机构节约用水方面进行了探索，参考合同能源管理模式结合节约用水工作的特点提出了"合同节水管理"概念，并在不同行业进行了实践探索。其中，河北工程大学合同节水管理项目试点取得了创新性突破，验证了"合同节水管理"这一市场化节水模式的科学性，引起了社会各界高度关注。

河北工程大学地处河北邯郸，实施节水改造前的 2014 年总用水量 304 万 m³，年缴纳水费 1079 万元，不仅超出当地用水定额还浪费了学校大量财务经费。河北工程大学通过市场行为选择北京国泰节水发展股份有限公司对学校实施合同节水管理改造，双方约定由节水服务商先期投资对学校进行节水改造，利用节水改造后节约的水费作为节水服务商的投资成本和合理收益。北京国泰节水发展股份有限公司投入节水改造资金约 1000 万元，改造老旧供水管线超过 3000m，更换改造节水终端 12000 余个，建造了中水回用系统，建设了远传水表及中央控制系统，实现了学校供水系统的无缝实时监控。该合同节水管理项目 2015 年 3 月完工，截至 2019 年 2 月，四年节水 596.7 万 t，平均节水率 49.2%。合同期内，扣除应向节水服务企业方面支付的收益，可节约水费支出 1880 万元，减少供水系统维护管理费用 420 万元。其主要做法有以下几点：

（1）"先建机制，后建工程"，把握深化水利改革的新形势，改革创新社会资本参与节约用水的体制机制。全国节约用水办公室和水利部综合事业局首先组织专家设计了高校合同节水管理的组织实施机制，通过制定合同节水管理项目立项机制、项目实施流程、产权和投融资机制、工程建设管理模式以及建后管护运行机制等，确保合同节水管理项目设计科学合理、组织实施公开透明、投资主体明确、产权关系清晰、管护组织具体、管护经费落实，项目实施后能够良性运行、长期发挥效益。一是建立科学透明的立项机制。按照"节水诊断、系统分析、公开评审、规范立项"的原则，由河北工程大学后勤管理处委托邯郸市水文水资源管理中心开展节水诊断，并对河北工程大学的用水设施进行系统的节水潜力分析，以此为基准提出节水改造重点环节，组织水利、市政、给排水等方面的专家进行公开评审，按项目审批程序进行立项。二是设计了合同节水管理项目的实施流程。水利部综合事业局编写了《公共机构合同节水管理项目实施方案编制导则》《高校合同节水管理项目操作指南》等试行标准，为合同节水管理项目的组织实施提供了具体的操作流程。三是理顺项目产权和投融资机制。建立主体明确的产权划分机制，对拟建工程明确投资构成和资金筹措方式，明确所有权和使用权归属。四是建立责任清晰的建设管理机制。明确合同节水管理项目工程实施的责任主体，探索统一节水服务商、多个设施产品供应商的建设机制，健全工程质量监管体系。五是探索灵活有效的后期管护运行机制。改变以往用水单位重建轻管、节水服务商干完就跑、用水群众参与节水不够的现象，在河北工程大学与节水服务商北京国泰节水发展股份有限公司的合同中，明确了节水服务商为节水设施建成后的管护责任主体，明确了节水设施维修养护和管理运行经费来源。

（2）"政府搭台，企业唱戏"，转变以往政府主导的方式，通过市场机制充分发挥企业主体的积极性。水利部针对合同节水管理模式进一步完善顶层设计、加强资源统筹、创新驱动发展，取得了显著成效。一是搭建用水单位与节水服务企业的对接平台。合同节水管理信息发布平台是合同节水管理的重要组成部分，它是利用信息网络进行资源整合、开发和利用，向社会提供全方位合同节水管理信息服务，促进信息共享，提高合同节水管理能力的信息服务系统。水利部在2014年就开始平台搭建工作，河北工程大学也是利用这一平台向全国范围内的节水服务企业发布了合同节水管理试点项目信息，最终遴选了北京国泰节水发展股份有限公司作为河北工程大学合同节水管理项目的服务商。二是着力培育节水产业的发展生态。强化政策引导，放宽市场准入，打造公平竞争环境，提供充足市场空间。顺应节水产业发展趋势，遵循节水产业发展规律，激发节水市场主体参与节水治水产业体系建设的内生动力和内在活力。水利部综合事业局联合多省水利主管部门举行合同节水管理推介会，推动合同节水管理模式推广应用，随后黑龙江省、吉林省、江苏省、湖北省、内蒙古自治区等省份相继开展合同节水管理项目试点。三是鼓励、支持节水服务商创新，促进节水市场的供给侧结构性改革。由水利部科技推广中心定期发布节水技术、产品推广名录，让更多优质节水技术、产品进入社会视线。坚持节水优先，通过不断提高节水设备、产品的标准，督促节水产品供应商的技术、产品不断创新。把提高节水设备、产品质量放在突出位置，鼓励节水产品供应商在"优质专用""特色个性"上下功夫，增强节水技术产品供给体系对节水需求变化的适应性和灵活性，使节水市场供需关系在更高水平上实现新的平衡。

（3）"技术集成，系统节水"，以用户需求为依据，整合优势资源，创建全方位、系统性的节水模式。在技术发展迅速、用户需求变化多样的大环境下，单个节水服务商很难独自完成越来越复杂的需求。采取合作的形式整合资源，不仅是解决用户复杂需求的重要方法，还是节水服务企业间优势互补、降低风险的重要途径。一是突出用户至上的思想。技术集成创新的逻辑起点是把握技术的需求环节，在创造符合需求的产品与丰富的技术资源供给之间创造出匹配。二是激发节水服务企业的能动性。学校方面只提需求，不过多干涉具体节水方案设计，鼓励北京国泰节水发展股份有限公司进行技术集成创新，河北工程大学合同节水管理项目中主要集成运用了管网漏损检测与控制技术、终端洁具节水技术、供水实时监控技术及其他节水技术，实施了管网漏损检查与改造、终端节水器具升级更换、监测仪表安装、监控平台建设、废水处理回用等建设内容，取得了良好的节水效果。三是构建系统性的节水系统。北京国泰节水发展股份有限公司通过分析项目涉及的"供、用、管"3个方面的内在联系，以"用"为中心，通过更换节水器具，实现用水环节不浪费；以"供"为前提，通过更换和封堵破损供水管网，实现供水不间断；以"管"作保障，通过建设节水实时监管平台，对供用水实时监控，及时发现问题，及时维护。从而实现"供、用、管"三者有机结合成一个统一的整体，最终实现节水的目的。四是建立全方位的节水文化体系。将节水文化建设提升到战略高度，并从组织结构、企业文化、人力资源等方面进行协同创新。河北工程大学通过打造节水文化，强化节水意识，倡树节水理念，开展"节水校园行"活动，4 年来培育了 5 万余名促进节约用水的义务宣传员，带动 5 万多个家庭，逾 15 万人口重视节约用水。通过对不同年级的学生分批次调查，节水意识强且能严格要求自己的学生占比达到了 83.1%。

（4）"达效付费，效益共享"，运用市场和经济手段激发节水的原动力，完善节水服务体系。基于公共产品理论、社会分工理论和契约理论，设计完善了合同节水管理的几种模式，确保合同节水管理的可持续发展。一是提高节水需求方的积极性。河北工程大学合同节水管理试点项目由北京国泰节水发展股份有限公司先期投资实施节水改造，学校方不用投资，而是用节水收益支付节水服务费用。先改造再付费的方式降低了学校节水改造风险，提高学校实施节水改造的积极性。二是明确供求双方的责权利及效益分享原则。节水服务企业提供资金和全过程服务，在客户配合下实施节水项目，在合同期间与客户按照约定的比例分享节水收益的方式，合同期满后项目节能效益和节能项目所有权归客户所有。河北工程大学合同节水管理试点项目合同期 6 年，双方约定节水率达到 35% 后学校才向北京国泰节水发展股份有限公司支付节水服务费，前 3 年节水收益全部支付给节水服务企业，后 3 年学校与节水服务企业按 80%：20%、70%：30%、50%：50% 比例分享节水效益。

（5）"社会后勤，长效机制"，尊重市场规律，实现后勤管理现代化的科学发展。1985年《中共中央关于教育体制改革的决定》中就提出：高校后勤改革的方向是实行社会化。高校后勤管理社会化重点就是按照市场运行规律进行体制与机制上的调整，合同节水管理正是高校后勤社会化改革的不断深入的成功经验，但是在推行的过程中仍要注意几方面的问题。一是坚持教育属性与经济属性并重。作为甲方的学校由于其教育职能，在选择后勤服务实体时必然要兼顾经济属性和教育属性，而作为乙方的节水服务企业，只有符合和顺应顾客需求才能保证自身的生存和发展。河北工程大学合同节水管理试点项目组织实施过程中，北京国泰节水发展股份有限公司在抓好节水设施改造同时，更加注重校园节水文化建设，设立了节水助学基金，多次开展校园节水设计比赛，建立节水文化的同时丰富了高校的文化生活。二是建立规范的制度体系。传统后勤作为事业单位的行政式管理，往往具有延续性、封闭性、依赖性等特点，将延续当发展，对市场不敏感，一切都依赖学校。而节水服务企业作为专业的节水服务提供者有着完善的节水管理体系，在质量安全和服务水平上更有保障。三是建立了运营维护管理长效机制。合同节水管理的特点是由节水服务企业负责节水设施的运营维护管理，运营维护的效果及水平直接关系到节水效果，而节水效果又直接影响节水服务费用的支付，因此节水服务企业在节水设施运营维护方面有着天然的主动性。一方面学校不用再担忧维护费用的来源，另一方面也保证了合同期内节水成效的稳定。四是构建绩效管理体系充分调到员工积极性。采用合同节水管理模式后，学校的节水设施运营维护管理由节水服务企业承担，因其企业的趋利属性，更加注重优化人力资源配置，用人机制与市场接轨，科学化的绩效管理体系能够充分调动员工的积极性，达到事半功倍的效果。

（6）"政府扶持，行业监督"，全面深化"放管服"改革，开创节水行业大众创业、万众创新的良好局面。从引导、激励、保护和协调4个方面发挥政府的作用，构建完善的政府扶持体系，通过行业自律组织推动其规范运营。一是从宏观上调控节水服务的发展，构建完整行业孵育链条。水利部会同国家发展改革委开展合同节水管理产业发展及市场潜力分析研究，并于2016年8月联合国家税务总局发布《关于推行合同节水管理促进节水服务产业发展的意见》（发改环资〔2016〕1629号），对推行合同节水管理给出了明确的政策意见，从投资主体、运营模式、发展形式上进行多样的探索。二是从政策激励上制定合理的扶持政策，研究税收优惠方案。内蒙古自治区水利厅在推行高校合同节水管理时，定向为采用合同节水管理模式的内蒙古大学、内蒙古农业大学、内蒙古师范大学3所学校提供各100万元的资金支持。三是优化产学研合作，注重知识保护。一方面水利部有关部门联合中国水科院、天津大学、河北工程大学、中国水权交易所、北京国泰节水发展股份有限公司等单位开展研究，为推行合同节水管理提供理论支持，另一方面利用水利部科技推广中心等平台加强对节水知识产权的保护，鼓励节水服务企业的研发。四是拓宽投融资渠道推动合同节水管理的可持续发展和高质量发展。合同节水管理的自身规律是节水服务企业要先进行投资，而节水服务企业又水多是中小企业，基本上都不具备资金实力，发展节水服务业务就必须进行融资，但他们又恰恰遇上融资难的问题。为破解这一难题，水利部在提出合同节水管理模式时就做了几个准备：针对合同节水管理项目由水利部综合事业局与中国民生银行总行签订了总对总的合作协议，建立了节水专项基金等。五是提高节水服务市场的自主程度，发挥行业自律组织的作用。鼓励社会团体组建合同节水管理方面的行业自律组织，推动其形成国家、地区的行业自治组织，促进其规范运营。2015年11月，中国水利企业协会合同节水专业委员会成立，成立后每年定期组织技术交流学习，连续发布行业发展报告《中国合同节水发展报告》，为推动合同节水管理产业发展，起到了积极作用。

合同节水管理是为解决高用水、高污水排放行业进行节水减排改造投入资金来源和补偿机制的有益探索，其核心问题是将节水工程投入转化成对节水效果的投入，将政府投资建设工程转变为市场主体为获得经济效益进行节水改造投入的市场操作合同节水管理的探索实践和试点经验证明，推广和实施合同节水管理具有重要意义：

一是推行合同节水管理有利于激发节水市场内生动力，完全切合"节水优先、空间均衡、系统治理、两手发力"的治水新思路。节水的动力机制，一靠外力驱动，即政府管理；二靠内生动力，即市场主体的自觉性。合同节水管理为社会资本投入节水改造提供了有效激励，满足了社会资本的趋利性要求，畅通了节水技术改造的资金渠道，调动了用水单位节水技术改造的积极性，从根本上激发了市场节水源动力，由过去的"要我节水"变成"我要节水"，这必将助推我国节水事业的快速发展。

二是推行合同节水管理，发展节水服务产业是培育新的经济增长点的战略选择。节水服务产业覆盖面广、产业链长，推行合同节水管理，发展节水服务产业既有利于最大限度吸引社会资本参与节水服务业，降低用水运行维护成本，建立节水管理的长效机制，又有利于调整优化产业结构，催生新的业态，形成新的经济增长点，增强经济活力，扩大社会就业。随着我国经济发展、社会进步和公众节水意识提高，社会各方对节水产品和服务需求不断增长。节水市场的巨大需求必将带动节水服务企业的发展壮大，从而推动节水服务产业链的发展，节水管理也将由以政府为主导，逐渐向行业自律管理的方式转变。

三是推行合同节水管理是建设节水型社会和水生态文明的有力抓手，有利于促进转变用水方式，节水治污，改善生态环境。最严格水资源管理制度是创建节水型社会和水生态文明建设的核心和基础。通过实施合同水资源管理等一系列具体化、量化的考核标准，逐步建立节水型社会建设法律、政策、规划、管理制度、考核问责等体制机制，明确重点节水领域，形成具有战略性、政策性、综合性和可操作性的实施方案，构建政府整体推进、市场引导、社会参与的节水型社会建设格局，加快建设节水型社会，优化水资源配置，调整产业结构布局，提高水资源利用效率和效益，实现水资源、水环境与经济社会的协调发展，推进水生态文明建设。

四是推行合同节水管理，有利于集成推广应用先进适用的节水技术产品，提高用水效率，降低污水排放量，改善生态环境。国内外民间分散着许多实用先进的节水技术，由于缺少推广资金和用户不信任等一直不能广泛推广，专业的节水服务企业通过有效的技术集成，可以在市场与民间技术建立起高效的连接，加速民间节水技术的推广应用，从而带动我国节水技术的研发和推广。实施合同节水管理，节水服务企业以市场需求为导向，通过搭建技术集成平台，优先选择先进实用节水技术，实现了市场驱动与技术创新的良性循环。

五是推行合同节水管理有利于最大限度地吸引社会资本积极投入节水事业，促进节水服务产业的发展。当前节水改造项目的投资主要来源是政府财政资金，社会资本参与积极性不高。实施合同节水管理后，节水服务企业负责节水项目的投资，通过搭建投融资平台，发挥大型节水工程的示范作用和骨干节水企业的向作用，加上政策的鼓励和引导，能广泛吸收社会资本与，发挥资本市场在资源配置中的作用，逐步形成"政府引导、市场推动、多元投资、社会参与"的节水投入新机制。

六是推行合同节水管理有利于建立节水减排的长效机制和良性的运行管理机制。合同节水管理模式创新地解决了长期以来单一依靠政府投资抓节水、市场缺位的弊病，找到了节水工作中"两手发力"的关键所在。模式设计从项目建设到项目运营建立了一套完整的市场运行机制，用水单位不用投资或者少投资，可以直接享受节水带来的收益。节水服务企业通过为用水单位提供服务，从客户节水改造获得的效益中收回投资和收益，用经济合同方式促进了用水方式的转变，解决了过去依赖政府运行管理经费不足的问题。因此更容易建立起项目的长效运行机制，避免了过去政府节水项目"重投资、轻管理"的项目难以长效运行的问题。

水利部在总结提炼河北工程大学合同节水管理项目试点经验的基础上，进一步明确了合同节水管理的概念——节水服务企业与用水户以合同形式，为用水户募集资本、集成先进技术，提供节水改造和管理等服务，以分享节水效益方式收回投资、获取收益的节水服务机制。同时提出了"政策引导、市场主导、创新驱动、自律发展"的节水市场培育策略。合同节水管理理论一经提出就上升为国家战略，党的十八届五中全会提出，必须牢固树立创新、协调、绿色、开放、共享的发展理念，全面节约和高效利用资源，培育发展新动力，提出要"实行最严格的水资源管理制度，以水定产、以水定城，建设节水型社会""建立健全用能权、用水权、排污权、碳排放权初始分配制度，培育和发展交易市场。推行合同能源管理和合同节水管理。"2016 年 8 月，联合国家发展改革委、国家税务总局发布《关于推行合同节水管理促进节水服务产业发展的意见》(发改环资〔2016〕1629 号)，对合同节水管理的具体实施提出了明确要求。2016 年 10 月，国家发展改革委、水利部、住房城乡建设部、教育部等 9 部委联合发布《全民节水行动计划》，明确提出要"在公共机构、高耗水工业、高耗水服务业、高效节水灌溉等领域，率先推行合同节水管理"。2019 年 1 月 15 日，水利部部长鄂竟平在全国水利工作会议上讲话中指出要"打造一个亮点，实施高校合同节水。会同教育部等部门，制定颁布节水型高校评价标准，通过合同节水引入社会资本加大投入，尽快建成节水型高校。"

四、经验启示

（一）习近平新时代中国特色社会主义思想中关于生态文明建设的论断和新时期治水思路，完全符合治水的客观规律，完全符合生态文明建设和新时代中国特色社会主义建设的规律，是我们治水工作的根本方针和基本遵循。我们一定要认真学习，深刻领会，坚决贯彻。我们要牢固树立社会主义文明观，勇当生态文明建设的引领者、推动者和实践者，以更加自觉的使命担当、更加昂扬的精神状态、更加有力的务实举措、更加过硬的工作作风，不折不扣把生态文明建设和环境保护的各项决策部署落到实处。

（二）贯彻"节水优先"方针就是要将节约用水作为水资源开发利用的前提。以实施国家节水行动为抓手，完善节水制度标准，加强节水宣传教育，强化节水监督管理，使节约用水真正成为水资源开发、利用、保护、配置、调度的前提。重点抓好四个"一"。打好一个基础，制定完善节水标准定额体系。建立节水标准定额编制工作机制，推动不同区域不同行业节水标准制定工作，动态修订节水标准定额，严格标准定额应用。建立一项机制，建立节水评价机制。在出台节水评价指导意见、规划和水资源开发利用建设项目节水评价编制指南的基础上，编制节水评价技术要求，从严叫停节水评价审查不通过的项目，从源头上把好节水关；打造一个亮点，实施高校合同节水。会同教育部等部门，制定并颁布节水型高校评价标准，通过合同节水引入社会资本加大投入，尽快建成节水型高校。树立一个标杆，开展水利行业节水机关建设。从水利部和地方各级水利部门机关做起，建成一批节水标准先进的节水单位，带动全社会节水。

（三）践行"两手发力"就是要处理好政府与市场的关系，充分发挥市场的作用，促进用水方式根本性转变。水关系国计民生、不可替代，政府该管的要管严管好，同时也要充分发挥市场在资源配置中的决定性作用。要建立健全节约用水的法律法规体系，提高国家水治理的法治保障水平。加快智慧水利建设，提高水资源监管信息化水平。深化水利投融资体制改革，继续加大财政资金投入力度，积极争取金融信贷支持，鼓励和引导社会资本参与节水供水项目建设运营。完善水资源有偿使用制度，深化水资源税改革，利用税收杠杆促进水资源优化配置、节约保护。培育发展节水市场，促进水资源从低效益领域向高效益领域流转。

（四）新时代要有新担当新作为，广大党员干部要坚持问题导向，勇于创新突破，加快推进生态文明体制改革。在深入总结合同节水管理模式探索经验的基础上，积极探索、大胆创新，努力构建治根本、管长远的体制机制。建立党委政府推动节水工作的内生机制，积极探索以水定需为主导的考核体系，建立健全领导干部任期节约用水责任制，推行编制水资源资产负债表，对领导干部实行自然资源资产和资源环境离任审计。完善水环境经济政策，深化节水信贷、节水证券、节水保险政策，加快培育和壮大一批节水服务产业龙头企业。构建全民节水体系，全面落实节约用水属地责任，严格用水节水标准，加大节水督察、执法检查力度，激励和约束各用水单位主动落实节水责任，加强社会监督，积极构建政府为主导、企业为主体、社会组织和公众共同参与的节水管理体系。积极推动公众参与节水，培育国民节水意识，着力创建全民节水文化体系。把节水教育作为精神文明教育的重要内容，纳入国民教育体系和干部培训体系，培育节水文明文化，强化公民节水意识。树立节水型社会建设典型，通过展示节水型社会建设成就，推广节水文化所蕴藏的理念支撑、制度范式与行为典范。广泛开展创建节水型机关、节水学校、节水社区和节水家庭等行动，推动形成崇尚生态文明、合力推进生态文明建设和生态文明体制改革的良好社会风尚。

合同节水管理不仅是节水工作的一个创新模式，还是投资体制改造的一个有益尝试。合同节水管理模式为社会资本投入节水改造提供了有效激励，满足了社会资本的趋利性要求，畅通了节水技术改造的资金渠道，调动了用水单位节水技术改造的积极性，从根本上激发了市场节水源动力和活力，可大规模吸引社会资本进入节水领域；节水公司通过系统集成先进的节水技术、产品和工艺，有效解决了节水技术、产品、工艺高度分散与节水技术改造系统性要求的矛盾；用经济合同方式解决了运行管理经费，从根本上保证了长效节水管理机制真正落地。实施合同节水管理，积极发展节水服务产业，是运用市场机制促进节水工作的有力举措和有效途径，是培育战略性新兴产业、形成新的经济增长点的迫切要求，是建设资源节约型和环境友好型社会的客观需要。加快推行合同节水管理，发展壮大节水服务产业，对充分发挥市场资源配置中的作用，全面建设节水型社会具有重要意义。

2019 年 5 月

合同编号：

＿＿＿＿＿＿＿＿＿＿合同节水项目合同

（节水效益分享型）

甲方：＿＿＿＿＿＿＿＿＿＿＿＿＿＿＿＿＿

乙方：＿＿＿＿＿＿＿＿＿＿＿＿＿＿＿＿＿

日期：＿＿＿＿＿＿＿＿＿＿＿＿＿＿＿＿＿

	单位名称			
甲方（用水单位）	法定代表人		授权代理人	
	联 系 人			
	通信地址			
	电 话		传 真	
	电子邮箱			
	开户银行			
	账 号			
乙方（节水服务企业）	单位名称			
	法定代表人		授权代理人	
	联 系 人			
	通信地址			
	电 话		传 真	
	电子邮箱			
	开户银行			
	账 号			

鉴于本合同双方同意按"合同节水管理"模式就项目（以下简称"项目"或"本项目"）进行专项节水服务，并支付相应的节水服务费用。双方经过平等协商，在真实、充分地表达各自意愿的基础上，根据《中华人民共和国合同法》及其他相关法律法规的规定，达成如下协议，并由双方共同遵守。

第一章　术　语　和　定　义

第一条　双方确定：本合同及相关附件中所涉及的有关术语，其定义和解释如下：
……

第二章　项　目　边　界

第二条　双方确定项目边界如下：
……

第三章　项　目　期　限

第三条　本合同期限为_____，自_____年_____月_____日至_____年_____月_____日。

第四条　本项目建设期为_____，自_____年_____月_____日至_____年_____月_____日。

第四章　项目方案设计、实施和项目验收

第五条　项目方案的设计由乙方负责，设计方案应征得甲方同意，除非双方另有约定，或者依照本合同第八章的规定修改之外，不得修改。

第六条　项目方案的实施由乙方负责，乙方应当依照第四条规定的时间依照项目设计方案的规定实施。

第七条　甲乙双方对项目验收约定如下：
……

第五章　节　水　效　益　分　享

第八条　本项目的节水效益分享期为_____，自_____年_____月_____日至_____年_____月_____日。

第九条　效益分享期内项目节水量预计为_____，预计的节水效益为_____。

第十条　节水直接效益计算
……

第十一条　效益分享期内，甲乙各方分享项目节水效益的比例如下：

分 享 期	起 止 时 间	分享比例/%	
		甲 方	乙 方
第一年	—		
第二年	—		
第三年	—		
……			
备注：			

第十二条 甲乙双方应当按照双方约定的程序和方式共同对项目节水量进行计算和评估并确认；或者共同委托第三方机构对项目节水量进行计算和评估。

第十三条 节水效益由甲方按照第十一条的规定支付乙方，具体支付程序如下：

（一）在相应的节水量或节水效益确认后，乙方应当根据确认的节水量或节水效益向甲方发出书面的付款单，叙明付款的金额、方式以及对应的节水量或节水效益；

（二）甲方应当在收到上述付款申请单之后的_____日内，将相应的款项支付给乙方。

（三）乙方应当在收款后_____日内向甲方出具相应的正规发票。

第十四条 如双方对任何一期节水效益的部分存在争议，该部分的争议不影响对无争议部分的节水效益的分享和相应款项的支付。

第六章 甲 方 的 义 务

第十五条 如根据相关的法律法规，或者是基于任何有权的第三方的要求，本项目的实施必须由甲方向相应的政府机构或者其他第三方申请许可、同意或者批准，甲方应当根据乙方的请求，及时申请该等许可、同意或者是批准，并在本合同期间保持其有效性。甲方也应当根据乙方的合理要求，协助其获得其他为实施本项目所必需的许可、同意或者是批准。

第十六条 甲方应当根据乙方的合理要求，及时提供本项目设计和实施所必需的资料和数据，并确保其真实、准确、完整。

第十七条 甲方应提供本项目实施所需要的现场条件和必要的协助。

第十八条 甲方应配合乙方或双方认可的第三方机构开展节水量计算和评估。

第十九条 甲方应根据项目方案的相关规定，协助乙方完成项目的试运行和验收，并提供确认安装完成和试运行正常的验收文件。

第二十条 甲方应当根据项目方案的规定，为乙方或者乙方聘请的第三方进行项目的建设、维护、运营及检测、修理项目设施和设备提供合理的协助，保证乙方或者乙方聘请的第三方可合理地接近与本项目有关的设施和设备。

第二十一条 节水效益分享期间，如设备发生故障、损坏和丢失，甲方应在得知此情况后及时书面通知乙方，配合乙方对设备进行维修和监管，并有义务采取必要措施防止损失的扩大。

第二十二条 甲方应保证与项目相关的己方的设备、设施的运行符合国家法律法规及产业政策要求。

第二十三条　甲方应当按照本合同的规定，及时向乙方付款。

第二十四条　甲方应当将与项目有关的其内部规章制度和特殊安全规定要求及时提前告知乙方、乙方的工作人员或其聘请的第三方，并根据需要提供防护用品。

第二十五条　甲方应当协助乙方向有关政府机构或者组织申请与项目相关的补助、奖励或其他可适用的优惠政策。

第二十六条　项目开始启动之后，甲方项目负责人应当至少每＿＿＿＿＿＿天内与乙方负责人进行一次工作会议，讨论与项目有关的事宜。

第二十七条　其他：

第七章　乙方的义务

第二十八条　乙方应当按照项目方案文件规定的技术标准和要求以及本合同的规定，自行或者通过经甲方认可的第三方按时完成本项目的方案设计、建设、运营以及维护。

第二十九条　乙方应当确保其工作人员和其聘请的第三方严格遵守甲方有关施工场地安全和卫生等方面的规定，并听从甲方合理的现场指挥。

第三十条　乙方应当对甲方指派的操作人员进行适当的培训，以使其能承担必要时的操作和设施维护要求。

第三十一条　乙方应按照规定对设备进行操作、维护和保养。在合同有效期内，对设备运行、维修和保养定期作出记录并妥善保存＿＿＿＿＿＿年。乙方应根据甲方的合理要求及时向其提供该等记录。

第三十二条　乙方应当根据相应的法律法规的要求，申请除必须由甲方申请之外的有关项目的许可、批准和同意。

第三十三条　乙方安装和调试相关设备、设施应符合国家、行业有关施工管理法律法规和与项目相对应的技术标准规范要求，以及甲方合理的特有的施工、管理要求。

第三十四条　在接到甲方关于项目运行故障的通知之后，乙方应根据双方的约定和要求，及时完成相关维修或设备更换。

第三十五条　乙方应当确保其工作人员或者其聘请的第三方在项目实施、运行的整个过程中遵守相关法律法规，以及甲方的相关规章制度。并与聘请的第三方签订安全生产责任书。

第三十六条　乙方应配合双方同意的第三方机构或甲方开展节水量计算和评估。

第三十七条　项目开始启动之后，乙方项目负责人应当至少每＿＿＿＿＿＿天内与甲方负责人进行一次工作会议，讨论与项目有关的事宜

第三十八条　其他：

……

第八章　合同变更

第三十九条　如在项目的建设期间出现乙方能够合理预料之外的情况，从而导致原有项目方案需要修改，则乙方有权对原有项目方案进行修改并实施修改的方案，但前提是不会对原有项目方案设定的主要节水目标和技术指标造成重大不利影响。除非该情况的出现

是由甲方的过错造成，所有由此产生的费用由乙方承担。

第四十条　在本项目运行期间，乙方有权为优化项目方案、提高节水效益对项目进行改造，包括但不限于对相关设备或设施进行添加、替换、去除、改造，或者是对相关操作、维护程序和方法进行修改。乙方应当预先将项目改造方案提交甲方同意后再进行方案实施，所有的改造费用由乙方承担。

第四十一条　在本项目运行期间，因甲方原因拆除、更换、更改、添加或移动现有设备、设施、场地，以致对本项目的节水效益产生不利影响，甲方需提前书面通知乙方，并应补偿乙方由此节水效益下降造成的相应的损失。

第四十二条　其他：

……

第九章　所有权和风险分担

第四十三条　在本合同到期并且甲方付清本合同下全部款项之前，本项目下的所有由乙方采购并安装的设备、设施和仪器等财产（简称"项目财产"）的所有权属于乙方。本合同顺利履行完毕之后，该等项目财产的所有权将无偿转让给甲方，乙方应保证该等项目财产在所有权转让时正常运行。

第四十四条　项目财产的所有权由乙方移交给甲方时，应同时移交本项目继续运行所必需的资料。如该项目财产的继续使用需要乙方的相关技术和/或相关知识产权的授权，乙方应当无偿向甲方提供该等授权。如该项目财产的继续使用涉及第三方的服务和/或相关知识产权的授权，该等服务和授权的费用由甲方承担。

第四十五条　项目财产的所有权不因甲方违约或者本合同的提前解除而转移。在本合同提前解除时，项目财产依照第六十五条的规定处理。

第四十六条　在本合同期间，项目财产灭失、被窃、人为损坏的风险甲乙双方约定选择以下一种方式解决财产损失：

（一）由_____方承担全部责任；

（二）依照双方约定另行处理。

第十章　违约责任

第四十七条　如甲方未按照本合同的规定及时向乙方支付款项，则应当以应支付款项为基准，按照每日的_____比率向乙方支付滞纳金，直到甲方全额支付款项为止。

第四十八条　如甲方违反除第四十七条外的其他义务，乙方对由此而造成的损失有权选择以下任意一种方式要求甲方承担相应的违约赔偿责任：

（一）按照以下标准延长节水效益分享的时间：

……

（二）按照以下标准增加乙方节水效益分享的比例：

……

（三）直接要求甲方赔偿损失；

（四）依照第六十四条的规定解除合同，并要求甲方赔偿全部损失。

第四十九条 如果乙方未能按照项目方案规定的时间和要求达到双方约定的预期目标，除非该等延误是由于不可抗力或者是甲方的过错造成，则乙方应当以双方约定的预期收益为基准，按照每日_____的比率，向甲方支付赔偿金。

第五十条 如果乙方违反除四十九条外的其他义务，甲方有权对由此造成的损失选择以下任一种方式要求乙方承担相应的违约赔偿责任。

（一）按照以下标准降低乙方节水效益分享的比例：

……

（二）按照以下标准缩短乙方节水效益分享的时间：

……

（三）直接要求乙方赔偿损失；

（四）依照第六十四条的规定，解除合同，并要求乙方赔偿损失。

第五十一条 本条规定的违约责任方式不影响甲乙双方依照法律法规可获得的其他救济手段。

第五十二条 一方违约后，另一方应采取适当措施，防止损失的扩大，否则不能就扩大部分的损失要求赔偿。

第五十三条 任何一方违反本协议约定，协议中有对违约责任具体约定的，从其约定；协议中未约定具体违约责任的，且违约方未能在非违约方通知其违约行为后_____个工作日内整改完毕的，非违约方有权视情节轻重，中止或终止协议，并要求违约方赔偿因此所遭受的一切损失，包括但不限于诉讼费、律师费、公证费和鉴定费等。

第十一章 不 可 抗 力

第五十四条 本合同下的不可抗力是指超出了相关方合理控制范围的任何行为、事件或原因，包括但不限于：

（一）雷电、洪水、风暴、地震、滑坡、暴雨等自然灾害、海上危险、航行事故、战争、骚乱、暴动、全国紧急状态（无论是实际情况或法律规定的情况）、戒严令、火灾或劳工纠纷（无论是否涉及相关方的雇员）、流行病、隔离、辐射或放射性污染；

（二）任何政府单位或非政府单位或其他主管部门（包括任何有管辖权的法院或仲裁庭以及国际机构）的行动，包括但不限于法律、法规、规章或其他有法律强制约束力的法案所规定的没收、约束、禁止、干预、征用、要求、指示或禁运。但不得包括一方资金短缺的事实。

第五十五条 如果一方（"受影响方"）由于不可抗力事件的发生，无法或预计无法履行合同下的义务，受影响方就必须在知晓不可抗力的有关事件的_____日内向另一方（"非影响方"）提交书面通知，提供不可抗力事件的细节。

第五十六条 受影响方必须采取一切合理的措施，以消除或减轻不可抗力事件有关的影响。

第五十七条 在不可抗力事件持续期间，受影响方的履行义务暂时中止，相应的义务履行期限相应顺延，并将不会对由此造成的损失或损坏对非影响方承担责任。在不可抗力事件结束后，受影响方应该尽快恢复履行本合同下的义务。

第五十八条 如果因为不可抗力事件的影响，受影响方不能履行本合同项下的任何义务，而且非影响方在收到不可抗力通知后，受影响方的不能履行义务持续时间达_____个连续日，且在此期间，双方没有能够谈判达成一项彼此可以接受的替代方式来执行本合同下的项目，任何一方可向另一方提供书面通知，解除本协议，双方互不承担违约责任。

第五十九条 遭受不可抗力影响的一方不应该被视为违反本协议而对延迟履行或不履行负有责任。

第十二章 合 同 解 除

第六十条 本合同可经由甲乙双方协商一致后书面解除。

第六十一条 本合同可依照第五十八条（不可抗力）的规定解除。

第六十二条 当甲方迟延履行付款义务达_____日时，乙方有权书面通知甲方后解除本合同。合同解除后，甲方应向乙方支付乙方履行完本合同预期收益的违约金。

第六十三条 当乙方延误项目建设期限达_____日时，甲方有权书面通知乙方后解除本合同。

第六十四条 当本合同的一方发生以下任一情况时，另一方可书面通知对方解除本合同：

（一）一方进入破产程序；

（二）一方的控股股东或者是实际控制人发生变化，而且该变化将严重影响到该方履行本合同下主要义务的能力；

（三）一方违反本合同下的主要义务，且该行为在另一方书面通知后_____日内未得到纠正。

……

第六十五条 本合同解除后，本项目应当终止实施，除非双方另行约定处理办法，项目财产由乙方负责拆除、取回，并根据甲方的合理要求，将项目现场恢复原状，费用由乙方承担，甲方应对乙方提供合理的协助。如乙方经甲方合理提前通知后拒绝履行前述义务，则甲方有权自行拆除相关设备，因此产生的费用和损失应由乙方承担。

第六十六条 本合同的解除不影响任意一方根据本合同或者相关的法律法规向对方寻求赔偿的权利，也不影响一方在合同解除前到期的付款义务的履行。

第十三章 合同项下的权利、义务的转让

第六十七条 双方约定，合同项下权利、义务的转让按照以下方式进行：
……

第十四章 人身和财产损害和赔偿

第六十八条 如果在履行本合同的过程中，因一方的工作人员或受其指派的第三方人员（"侵权方"）的故意或者是过失而导致另一方的工作人员、或者是任何第三方的人身或者是财产损害，侵权方应当为此负责。如果另一方因此受到其工作人员或者是该第三方的赔偿请求，则侵权方应当负责为另一方抗辩，并赔偿另一方由此而产生的所有费用和

损失。

第六十九条 受损害或伤害的一方对损害或伤害的发生也有过错时，应当根据其过错程度承担相应的责任，并适当减轻造成损害或伤害一方的责任。

第十五章 保 密 条 款

第七十条 双方确定因履行本合同应遵守的保密义务如下：

内 容 \ 责任方	甲 方	乙 方
保密范围		
涉密人员		
保密期限		
泄密责任		
……		
备注：保密内容（包括技术信息和经营信息）		

第十六章 争 议 的 解 决

第七十一条 因本合同的履行、解释、违约、终止、中止、效力等引起的任何争议、纠纷，本合同各方应友好协商解决。如在一方提出书面协商请求后_____日内双方无法达成一致，任何一方均可采取以下第_____种方式最终解决争议：

（一）向_____仲裁委员会申请仲裁；

（二）向_____人民法院提起诉讼。

第十七章 保 险

第七十二条 双方约定按以下方式购买保险：

……

第七十三条 双方应协商避免重复投保，并及时告知对方已有的或准备进行的相关项目、财产和人员的投保情况。

第十八章 知 识 产 权

第七十四条 本合同涉及的专利实施许可和技术秘密许可，双方约定如下：

……

第十九章 费 用 的 分 担

第七十五条 双方应当各自承担谈判和订立本合同的费用。

第七十六条 除非本合同下的其他条款另有规定，双方应当各自承担履行本合同下义务的费用。

第七十七条 受限于第七十五条的规定，除非本合同下的其他条款或附件另有规定，则乙方应当负责本项目的投资，并承担本项目的方案设计、建设、运营、监测的所有费用，包括项目所需设备、设施、技术购置、更换的费用。

第二十章　合　同　的　生　效　及　其　他

第七十八条　项目联系人职责如下：

……

第七十九条　一方变更项目联系人的，应在_____日内以书面形式通知另一方。未及时通知并影响本合同履行或造成损失的，应承担相应的责任。

第八十条　本合同下的通知应当用专人递交、挂号信、快递、电报、电传、传真或者电子邮件的方式发送至本合同开头所列的地址。如该通知以口头发出，则应尽快地在合理的时间内以书面方式向对方确认。如一方联系地址改变，则应当尽速书面告知对方。本合同中所列的地址即为甲、乙双方的收件地址。

第八十一条　本合同的附件是属于本合同完整的一部分，如附件部分内容与合同正文不一致，优先适用合同附件的规定。

第八十二条　本合同的修改应采取书面方式。

第八十三条　本合同自双方盖章、授权代理人签字之日起生效。合同文本一式_____份，具有同等法律效力，双方各执_____份。

甲方（盖章）　　　　　　　　　　　乙方（盖章）

授权代理人签字：　　　　　　　　　授权代理人签字：

通信地址：　　　　　　　　　　　　通信地址：

电话：　　　　　　　　　　　　　　电话：

传真：　　　　　　　　　　　　　　传真：

　　　　年　　月　　日　　　　　　　　　年　　月　　日

合同编号：

＿＿＿＿＿＿＿＿＿合同节水项目合同
（节水效果保证型）

甲方：＿＿＿＿＿＿＿＿＿＿＿＿＿＿＿

乙方：＿＿＿＿＿＿＿＿＿＿＿＿＿＿＿

日期：＿＿＿＿＿＿＿＿＿＿＿＿＿＿＿

甲方（用水单位）	单位名称			
	法定代表人		授权代理人	
	联 系 人			
	通信地址			
	电 话		传 真	
	电子邮箱			
	开户银行			
	账 号			
乙方（节水服务企业）	单位名称			
	法定代表人		授权代理人	
	联 系 人			
	通信地址			
	电 话		传 真	
	电子邮箱			
	开户银行			
	账 号			

根据《中华人民共和国合同法》及其他相关法律法规的规定，遵循平等、自愿、公平和诚信的原则，甲乙双方经过协商达成如下协议，并由双方共同遵守。

第一章 项 目 概 况

第一条 项目名称：＿＿＿＿＿＿＿＿＿＿＿＿＿＿＿＿＿（以下简称"项目"）。

第二条 项目地点（项目边界）：＿＿＿＿＿＿＿＿＿＿＿＿＿＿＿。

第三条 项目内容：＿＿＿＿＿＿＿＿＿＿＿＿＿＿＿＿＿＿＿＿。

第四条 合同总额：＿＿＿＿＿＿万元。

第五条 项目模式：采用节水效果保证型合同节水管理模式实施，由甲方投入项目资金（项目资金总额为本合同第四条合同总额），乙方提供节水服务并保证本项目在保证期内满足本合同第十条的节水要求。

第六条 合同期限：

（一）本合同有效期为＿＿＿年（包括项目建设期和保证期），自＿＿＿年＿＿＿月＿＿＿日至＿＿＿年＿＿＿月＿＿＿日。

（二）项目建设期为＿＿＿，自＿＿＿年＿＿＿月＿＿＿日至＿＿＿年＿＿＿月＿＿＿日。

（三）项目保证期为＿＿＿，自＿＿＿年＿＿＿月＿＿＿日至＿＿＿年＿＿＿月＿＿＿日。

第二章 项目设计方案编制、实施和项目验收

第七条 乙方负责编制项目设计方案，并应征得甲方同意；除双方另行同意，或依照本合同第二十二条（一）款规定之外，不得修改。

第八条 乙方应按照本合同第六条规定的期限，按项目技术方案和设计方案进行项目实施。

第九条 甲乙双方对项目验收约定如下：

……

第三章 节水效果保证与付款方式

第十条 乙方应保证本项目年节水量不低于＿＿＿吨（或年节水率不低于＿＿＿%），预计年节水效益为＿＿＿万元。（水价按＿＿＿元/吨计）

第十一条 项目通过验收后＿＿＿日内，乙方应向甲方出具担保项目年节水量（或年节水率）的银行保函，保函金额为项目的年节水效益，有效期为一年。

第十二条 在银行保函有效期截止前＿＿＿日内，乙方应向甲方提供下一年度节水效益的银行保函，甲方签收后应同时将本年度的银行保函退回乙方，以后年度的保函事宜以此类推，直至项目保证期结束为止。

第十三条 单位节水效果保证期满后＿＿＿日内，甲方组织乙方或双方认可的第三方专业服务机构对项目节水量（或年节水率）进行测算，并向乙方签发节水量确认单。

第十四条 本项目由甲方按以下付款方式，分期向乙方支付项目资金：＿＿＿＿。

第十五条 以上款项的支付，乙方应向甲方提供相应发票作为收付凭证。

第四章 双 方 的 义 务

第十六条 甲方的义务

（一）根据有关法律、法规规定，或基于任何有权的第三方要求，甲方应向相应的政府机构或第三方，及时申请项目所需的许可、同意或批准，并在本合同有效期内保持其有效性。

（二）甲方应根据乙方的合理要求，及时向乙方提供本项目设计和实施所需的资料，并确保其真实、准确、完整，包括但不限于以下：

表 1   甲方需提供资料清单

序 号	资 料
1	建筑设计竣工图（平面图、立面图）
2	建筑供排水系统图纸
3	其他用水系统设备清单
4	空调系统冷却水处理现状，空调系统风管、水管竣工图
5	近 3 年建筑总用水量、分项用水量数据
6	现有的供排水管理制度
7	……

（三）甲方应向乙方提供必要的现场协助，如：清理施工现场，提供水、电、气的搭接点及材料设施的堆放场地，合理调整原有设施的运行等。

（四）项目实施前，甲方应将与本项目有关的内部规章制度和特殊安全要求及时告知乙方或其聘请的第三方，并根据需要向其提供防护用品。

（五）甲方应及时协助乙方完成本项目的试运行与验收。

（六）甲方应按照本合同的规定及时向乙方支付项目款项。

（七）甲方应指派具有资质的操作人员参加由乙方组织的培训。

（八）甲方应保证项目设施的运行符合国家法律法规、产业政策及双方认可的书面节水运行要求。

（九）保证期内，甲方承担本项目所有由乙方采购并安装的设施、仪器等固定资产（简称"项目资产"）的看管义务。

（十）保证期内，甲方应对项目设施的运行、维护和保养情况做出记录（相关记录应妥善保存_____年），并根据乙方的合理要求及时提供相应记录。

（十一）甲方应为乙方或其聘请的第三方维护、检测、修理项目设施提供便利，保证乙方可顺利开展上述工作。

（十二）保证期满后，甲方应组织乙方或双方认可的第三方专业服务机构开展节水量测算工作，并提供必要的资料与协助。

（十三）其他：……

第十七条 乙方的义务

（一）根据相关的法律法规，乙方应申请除应由甲方申请之外的项目所需的许可、同意或批准，并在合同有效期内保持其有效性。

（二）乙方应与甲方充分沟通，在双方达成一致意见后，方可进行项目方案和施工图设计；在项目方案中应对原有用水设备（如：蓄水池、冷水机组、水泵等）的当前状况进行说明。

（三）乙方应按照本合同的规定，自行或通过经甲方批准的第三方实施人员按时完成本项目的方案设计、实施、调试等工作，相关费用由乙方承担。

（四）乙方应确保其工作人员或聘请的第三方实施人员严格遵守国家、省市有关施工安全的法律法规，以及甲方对安全文明施工及卫生管理的有关规定。

（五）乙方应保证本项目施工质量合格，因设备、材料或施工引起的工程质量问题，相关责任和费用由乙方承担。

（六）乙方安装和调试项目设施，应符合国家法律法规、行业技术标准和规范的有关规定，同时应满足甲方合理的施工管理要求。

（七）项目验收合格并移交甲方后，乙方应协助其进行管理，定期派人检查设施的运行情况，发现问题应给予指导并加以解决。

（八）乙方应根据培训计划，对甲方指派人员进行不少于_____天的培训，使其能承担相应设施的操作和维护要求。

（九）乙方应配合甲方或双方认可的第三方专业服务机构进行项目节水量测算。

（十）乙方应根据要求对本项目相关设施提供维护保养服务；接到甲方关于项目设施故障通知后，乙方应及时完成维修或更换。

（十一）其他：……

第十八条　保证期内，双方项目负责人应当至少每_____（周、月、季）进行一次工作会议，讨论与项目运行和维护有关的事宜。

第十九条　双方应积极配合政府管理部门组织的节水型单位测评工作。

第二十条　一方符合享受政府补助条件时，另一方应协助向政府管理部门申请相关补助、奖励或其他优惠政策。

第五章　项　目　变　更

第二十一条　甲方变更

（一）保证期内，甲方未经乙方同意不得私自拆除、更换、更改、添加、移动现有设施。否则，甲方应承担就上述变更所造成的损失（如：节水量或节水率的下降）。

（二）保证期内，甲方如需做出以下变更，引起项目年节水效益变化超过_____时，应提前_____个工作日以函件形式通知乙方。

1. 对项目设施运行的时间和运行策略做出的变更。

2. 原有设施遭受损毁而无法正常工作的变更。

3. 建筑使用的变更，包括但不限于使用面积、运营时间、区域功能等变更。

4. 其他变更。

（三）乙方在收到甲方变更通知后_____个工作日内需向甲方做出答复并进行以下处理：

1. 对用水量基准进行调整。

2. 要求甲方在_____日内停止上述变更，并恢复原状。

3. 双方可协商解除合同。

（四）如乙方在_____个工作日内未给出答复或意见，则视为默认甲方的变更行为。

第二十二条　乙方变更

（一）建设期内如因项目需要，在不对原项目方案中技术指标造成不利影响的前提下，乙方可对原项目方案做出变更，由此产生的费用由乙方承担；乙方变更方案应事先征得甲方同意。

（二）保证期内，在不影响项目设施正常运行及正常用水的前提下，乙方有权为提高节水效益而对项目进行改进，包括但不限于对设施进行添加、替换、去除、改造，或对相关操作、维护程序的方法进行修改，所产生的费用由乙方承担；乙方改进项目应事先将改进方案提交甲方审核。

第六章　所有权和风险分担

第二十三条　项目验收合格且甲方付清乙方工程款后，项目资产的所有权归属甲方。

第二十四条　合同有效期内，乙方或其聘请的第三方原因引起的项目资产被窃和人为损坏造成的损失由乙方承担。

第二十五条　合同有效期内，项目资产因不可抗力造成的损毁，由甲方承担。

第二十六条　其他：……

第七章　违约责任

第二十七条　甲方违约

如甲方未按照本合同的规定及时向乙方支付项目款项，则应按合同总额每日_____%的比率向乙方支付违约金。

如甲方违反本合同第十六条（八）款或（十二）款约定，且延时或未告知乙方，乙方可根据设施运行记录，计算由此产生的用水量损失，并将该用水量损失的 1.0～1.5 倍计入项目年节水量（或年节水率）中。

如甲方违反除本条（一）、（二）款外的其他义务或约定，视项目影响程度，乙方对由此而造成的损失有权选择以下一种方式要求甲方承担相应的违约赔偿责任：

1. 按照以下标准将用水量损失计入项目年节水量（或年节水率）中：_____
_____。

2. 直接要求甲方赔偿损失。

第二十八条　乙方违约

（一）如乙方未能在本合同规定的时间内完成项目建设（不可抗力事件造成的除外），则乙方应按合同总额每日_____%的比率，向甲方支付误工的赔偿金。

（二）保证期内，若实测项目年节水量（或年节水率）未达到本合同第十条预计值，乙方应按节水效益差额的_____1.0～1.5 倍对甲方进行赔偿；若实测项目年节水量（或年节水率）大于本合同第十条预计值，双方对超出部分按以下约定进行分配：

_____。

（三）如乙方违反除本条（一）、（二）款外的其他义务或约定，视项目影响程度，甲方对由此造成的损失有权选择以下一种方式要求乙方承担相应的违约赔偿责任：

1. 按照以下方式对乙方造成的用水量损失进行处理：_____。

2. 直接要求乙方赔偿损失。

第二十九条 一方违约后，另一方应采取适当措施，以防止损失的扩大，否则不能就扩大部分的损失要求赔偿。

第三十条 本章规定的违约责任方式不影响双方依照法律法规可获得的其他救济手段。

第八章 不 可 抗 力

第三十一条 本合同下的不可抗力是指超出了相关方合理的认识能力和控制范围，致其不能预见、不能避免且不能克服的客观情况（行为、事件、原因等）。包括但不限于：

（一）雷电、洪水、风暴、地震、滑坡、暴雨等自然灾害、战争、骚乱、暴动、全国紧急状态（无论是实际情况或法律规定的情况）、戒严令、火灾或劳工纠纷（无论是否涉及相关方的雇员）、流行病、隔离、辐射或放射性污染。

（二）任何政府单位或非政府单位或其他主管部门（包括任何有管辖权的法院或仲裁庭以及国际机构）的行动，包括但不限于法律、法规、规章或其他有法律强制约束力的法案所规定的没收、约束、禁止、干预、征用、要求、指示或禁运。

第三十二条 如受影响方因不可抗力而无法履行本合同下的义务，应在不可抗力发生后_____日内向另一方（非影响方）提交书面通知，提供不可抗力的细节。

第三十三条 受影响方应采取一切合理的措施，消除或减轻不可抗力产生的影响。

第三十四条 在不可抗力持续期间，受影响方的履行义务暂时中止，相应的义务履行期限相应顺延，并将不会对由此造成的损失或损坏对非影响方承担责任。不可抗力结束后，受影响方应尽快恢复履行本合同下的义务。

第三十五条 因不可抗力的影响，受影响方不能履行本合同项下的任何义务达个连续日，期间如双方未能达成可替代本合同的其他协议来执行本合同下的项目，任何一方可向另一方提供书面通知，解除本合同，无需承担任何责任。

第九章 合 同 解 除

第三十六条 本合同可经双方协商一致后解除。

第三十七条 本合同可依照第三十五条（不可抗力）的规定解除。

第三十八条 当甲方迟延履行付款义务达_____日时，乙方有权书面通知甲方后解除合同。

第三十九条 当乙方延误项目建设期限达_____日时，甲方有权书面通知乙方后解除合同（因甲方原因或不可抗力导致除外）。

第四十条 当本合同一方发生以下任一情况时，另一方可书面通知对方解除本合同：

（一）一方进入破产程序；

（二）一方的控股股东或者是实际控制人发生变化，且该变化将严重影响到该方履行本合同义务的能力；

（三）一方违反本合同义务，且该行为在另一方书面通知后＿＿＿＿＿日内未得到纠正。

第四十一条　本合同解除后，项目应当终止实施，项目资产按照补充约定的规定处理。

第四十二条　本合同的解除不影响任一方根据本合同或相关的法律法规向对方寻求赔偿的权利，也不影响一方在合同解除前到期的付款义务的履行。

第十章　争议的解决

第四十三条　因本合同的履行、解释、违约、终止、中止、效力等引起的任何争议或纠纷，合同双方应友好协商解决。不能协商解决的，双方约定采取以下＿＿＿＿＿方式解决争议：

（一）向＿＿＿＿＿＿＿＿＿＿＿＿＿＿＿仲裁委员会申请仲裁；

（二）向＿＿＿＿＿＿＿＿＿＿＿＿＿＿＿人民法院提起诉讼。

第十一章　合同生效及其他

第四十四条　甲方指定联系人：＿＿＿＿＿＿＿，联系电话：＿＿＿＿＿＿＿＿。乙方指定项目负责人和施工管理负责人，项目负责人：＿＿＿＿＿＿＿，电话：＿＿＿＿＿＿＿；施工管理负责人：＿＿＿＿＿＿＿，联系电话：＿＿＿＿＿＿＿。一方变更项目联系人，应在＿＿＿＿＿日内以书面形式通知另一方。因未及时通知而影响到本合同的履行或造成损失的，当事方应承担相应的责任。

第四十五条　本合同有效期内，因一方工作人员或受其指派的第三方人员（侵权方）的故意或过失而导致另一方工作人员或是任何第三方的人身、财产损害，侵权方应承担责任；如另一方因此受到其工作人员或第三方的赔偿请求，则侵权方应赔偿另一方由此而产生的所有费用和损失。受损害或伤害的一方对损害或伤害的发生也有过错时，应根据其过错程度承担相应的责任，并适当减轻造成损害或伤害一方的责任。

第四十六条　本项目涉及双方各自的知识产权和商业秘密，对方应予严格保密。未经对方同意，另一方不得另行使用或允许他人使用、向第三方披露对方要求保密的信息，符合相关法律法规要求披露的除外。本合同保密义务不因合同的解除而免除，直至双方保密内容成为公开信息。

第四十七条　乙方保证本项目的项目财产不侵犯任何第三方技术、专利等相关知识产权，任何第三方不会对本合同项下的设施主张任何权利。本合同期满后，如项目财产的继续使用需要乙方的技术、专利等相关知识产权的授权，乙方应向甲方提供授权。

第四十八条　双方应各自承担谈判和订立本合同的花费。除非本合同下的其他条款另有规定，双方需各自承担履行本合同下义务的费用。

第四十九条　本合同下的通知应以专人递交、挂号信、快递、电报、电传、传真或者电子邮件的方式发送至本合同开头所列的地址。如该通知以口头发出，则应尽快地在合理的时间内以书面方式向对方确认。如一方联系地址改变，则应尽速书面告知对方。本合同中所列地址即为双方的收件地址。

第五十条 本合同附件属于本合同内容的组成部分，与本合同的正文，具同等法律效力。如附件内容与合同正文不一致，优先适用合同附件的规定。

第五十一条 本合同未尽事宜，双方可协商一致，签订书面的补充协议。补充协议与本合同的正文，具同等法律效力。补充协议内容与合同正文不一致，优先适用补充协议的规定。

第五十二条 本合同自双方授权代表签署之日起生效。合同文本一式_____份，具有同等法律效力，甲乙双方各执_____份。

甲方：   乙方：

通信地址：   通信地址：

法定代表人：   法定代表人：

授权代表：   授权代表：

电话：   电话：

传真：   传真：

     年   月   日：   年   月   日：

合同编号：

_____合同节水项目合同

（用水费用托管型）

甲方：_____

乙方：_____

日期：_____

	单位名称			
甲方（用水单位）	法定代表人		授权代理人	
	联系人			
	通信地址			
	电话		传真	
	电子邮箱			
	开户银行			
	账号			
乙方（节水服务企业）	单位名称			
	法定代表人		授权代理人	
	联系人			
	通信地址			
	电话		传真	
	电子邮箱			
	开户银行			
	账号			

　　根据《中华人民共和国合同法》及其他相关法律法规的规定，遵循平等、自愿、公平和诚信的原则，甲乙双方经过协商达成如下协议，并由双方共同遵守。

第一章　委 托 管 理 期 限

　　第一条　本合同所属的托管管理期限为_____，自_____年_____月_____日至_____年_____月_____日。

第二章　托 管 服 务 条 件

　　第二条　托管运行期间，在不增加学校人数的情况下，年用水量不高于_____吨，其中，改造后的年节水量不低于项目定额年用水量的_____，该节水量依据自来水公司收费数据进行校验。

　　第三条　节水改造和托管方案经双方签约同意后，不得单方自行修改。

　　第四条　本项目应设有节水监控中心或纳入校方的节能节水监控服务平台。

第三章　供节水设施建设改造及项目验收

　　第五条　工程造价_____万元，建设期利息_____万元，工程总造价_____万元，详见附件 1。

　　第六条　乙方建设期间利润不高于_____。

　　第七条　乙方负责_____等供节水设施的建设，工程量清单位见附件 2。

　　第八条　项目验收约定如下：

　　……

第四章　委托管理费用及支付方式

　　第九条　委托管理费用

　　委托管理运营前，用水单位年度水费及运营费为_____万元；项目完成后，双方约定按_____（省或市）用水定额规定测算水费托管费用总额，水费＋节水委托费总额按不超过_____万元计算。

　　第十条　托管运行期内，甲方应当按照本合同规定向乙方支付节水服务费用。具体支付方式如下：

　　（一）校园内的供节水设施运行发生的运行、维护费用在节水服务费中列支；

　　（二）维修费用按下列标准执行：

　　1.由乙方负责维护的设施中单项一次费用小于_____元的，在节水服务费中列支；

　　2.单项一次费用大于_____元材料费的，由甲方全额出资，人工费在节水服务费中列支；

　　3.公共责任险由甲方统一投保；

　　4.支付标准：

　　1）水费托管费用总额的确定：

双方约定按＿＿＿＿＿＿＿＿＿＿＿（省或市）用水定额测算水费托管费用总额为＿＿＿＿＿万元-年度水费。

序号	用　　途	用水定额 /[L/(人·d)]	数　量	用水量 /(万 t/a)	水费 /(万元/a)
1	宿舍				
2	教学楼及实验楼生活用水				
3	教学及实验楼教学实验用水				
4	食堂				
5	图书馆				
6	体育馆				
7	未预见用水	以上各项和的 10%			
8	合计	自来水水价　　元/t 计算			

2）在合同有效期内，如遇政府有关部门调整相关水价标准，则从调价之日起执行新的价格标准，或双方签订补充条款据实重新约定。

3）该水费托管费用包括运行维护费用、节水设施建设费、税费及节水服务企业的合理利润。

第五章 甲 方 的 义 务

第十一条 甲方应当根据乙方的合理要求，及时提供节水项目设计和实施以及节水托管运行和服务所必需的资料和数据，并确保其真实、准确、完整。

第十二条 甲方提供节水项目实施所需要的现场条件和必要的协助，如清理施工现场、合理调整生产、设备试运行等。

第十三条 甲方应当提供必要的资料和协助，在合同期内积极配合政府主管部门对托管项目进行核查和监督，并提供有关证明材料。

第十四条 甲方应当按照本合同的规定，及时向乙方支付合同费用。

第十五条 甲方应当将与项目有关的其内部规章制度和特殊安全规定要求及时提前告知乙方，并根据需要提供防护用品。

第十六条 甲方应当协助乙方向有关政府机构或者组织申请与项目相关的补助、奖励或其他可使用的优惠政策。

第十七条 其他：……

第六章 乙 方 的 义 务

第十八条 乙方应当按照本合同规定的节水系统建设或改造方案，按时完成项目的设计、建设、运营以及维护，保证与项目相关的设备、设施连续稳定运行且运行状况良好，节水管理质量应当满足本合同附件的要求，且不低于托管前的服务水平，保证供水设备的安全运行。运行维护设施清单见附件 3。

第十九条 乙方应当保证本项目节水量达到预期的要求。项目托管期间，水资源利用效率不低于托管前的水平。

第二十条　乙方应当确保其工作人员严格遵守甲方有关施工场地安全和卫生等方面的规定，并听从甲方合理的现场指挥。

第二十一条　乙方安装和调试相关设备、设施应符合国家、行业有关施工管理法律法规和与项目相对应的技术标准规范要求，以及甲方合理的特有的施工管理要求。

第二十二条　在本合同有效期内，对设备运行、维修和保养做出记录并至少保存两年。

第二十三条　节水量审核和验证应由甲乙双方共同确定或委托双方认可的第三方专业服务机构开展。

第二十四条　合同期满后，乙方应当配合甲方做好原有设备操作人员接收、管理及培训工作。

第二十五条　其他：……

第七章　所有权和风险分担

第二十六条　在本合同到期并且甲方付清协议下全部款项之前，本项目下的所有由乙方采购并安装的设备、设施和仪器等财产（简称"项目财产"）的所有权属于乙方。本合同顺利履行完毕_____日内，该等项目财产的所有权将无偿转让给甲方，乙方应保证该等项目财产正常运行。项目财产清单见附件4。

第二十七条　项目财产的所有权由乙方移交给甲方时，应同时移交本项目继续运行所必需的资料。

第八章　违约责任

第二十八条　如甲方未按照本合同的规定及时向乙方支付款项，则应当以合同额为基准，按照_____的比率向乙方支付违约金。

第二十九条　如果乙方未能按照项目方案规定的时间和要求提供节水托管运行和服务，除非该延误是由于不可抗力或者是甲方的原因造成，则乙方应当以合同额为基准，按照_____的比率，向甲方支付误工的违约金。

第三十条　本条规定的违约责任方式不影响甲乙双方依照法律法规可获得的其他救济手段。

第九章　合同解除

第三十一条　本合同可经由甲乙双方协商一致后书面解除。

第三十二条　本合同的解除不影响任意一方根据本合同或者相关的法律法规向对方寻求赔偿的权利，也不影响一方在本合同解除前到期的付款义务的履行。

第十章　争议的解决

第三十三条　因本合同的履行、解释、违约、终止、中止、效力等引起的任何争议或纠纷，合同双方应友好协商解决。不能协商解决的，双方约定采取以下方式解决争议：

（一）向＿＿＿＿＿＿＿＿＿＿＿＿＿仲裁委员会申请仲裁；

（二）向＿＿＿＿＿＿＿＿＿＿＿＿＿人民法院提起诉讼。

第十一章　合同的生效及其他

第三十四条　本项目涉及双方各自的商业秘密，对方应予严格保密。未经对方同意，另一方不得另行使用或允许他人使用、向第三方披露对方要求保密的信息，符合相关法律法规要求披露的除外。本合同保密义务不因合同的解除而免除，直至双方保密内容成为公开信息。

第三十五条　乙方保证本项目的项目财产不侵犯任何第三方专利权，任何第三方不会对本合同项下的设施主张任何权利。本合同期满后，如项目财产的继续使用需要乙方的相关技术、专利等相关知识产权的授权，乙方应向甲方提供授权。

第三十六条　本合同附件属于本合同内容的组成部分，与本合同的正文，具同等法律效力。如附件内容与合同正文不一致，优先适用合同附件的规定。

第三十七条　本合同未尽事宜，双方可协商一致，签订书面的补充协议。补充协议与本合同的正文，具同等法律效力。补充协议内容与合同正文不一致，优先适用补充协议的规定。

第三十八条　本合同自双方授权代表签署之日起生效。合同文本一式＿＿＿＿份，具有同等法律效力，甲乙双方各执＿＿＿＿份。

附件 1：工程造价表

附件 2：工程量清单

附件 3：运行维护设施清单

附件 4：项目财产清单

甲方：	乙方：
通信地址：	通信地址：
法定代表人：	法定代表人：
授权代表：	授权代表：
电话：	电话：
传真：	传真：
年　月　日	年　月　日

附录 D 公共机构合同节水项目实施方案编制指南 (Q/B 004—2020)

1 总则

1.1 为规范北京国泰节水发展股份有限公司及所属分子公司公共机构合同节水管理项目实施方案的编制原则、工作内容和深度要求，制定本标准。

1.2 本标准适用于新建、改建、扩建的公共机构合同节水管理项目实施方案的编制，根据具体项目包含的工程内容对本标准规定的编制内容有所取舍。

1.3 编制合同节水管理项目实施方案应以用水单位的立项文件、节水诊断报告为依据。用水单位未立项且未开展节水诊断的，以用水单位的委托书为依据。合同节水管理项目实施前，用水户应开展水平衡测试和节水诊断，由水平衡测试单位编制水平衡测试报告，自行出具或委托第三方出具节水诊断报告。

1.4 编制合同节水管理项目实施方案应贯彻落实国家的方针政策，在可靠资料的基础上，进行方案比较，从技术、经济、社会、环境和节水节能等方面进行全面论证，评价项目实施的可行性。重点论证技术方案、节水效果、环境、投融资和经济评价，对重大关键技术问题应进行专题论证。

1.5 可行性研究报告章节安排应将"综合说明"列为第 1 章，第 2~10 章内容应按本标准第 3~11 章的编制要求依次编排，并增加"结论与建议"一章。报告文字应规范准确内容应简明扼要，图纸应完整清晰。

1.6 实施方案应附工作人员签字页，设计负责人、审核、批准人员在签字页上签字。

2 综合说明

2.1 应概述项目的地理位置和项目背景，项目建设所依据的区域节水规划或节水诊断的有关成果和用水户的立项意见及实施方案编制的过程。

2.2 应概述项目所在地及项目区的自然地理、经济社会、供水现状等条件。

2.3 应概述用水户的用水现状。简述供节水设施的建设历史、特性及工作状况。

2.4 应简述合同节水管理项目的必要性及可行性。

2.5 应简述合同节水管理项目的建设任务和主要建设内容。

2.6 应简述合同节水管理项目的主要建筑物选址、型式和数量。

2.7 应简述机电及金属结构工程的选型和布置、接入电力系统方式、监控和通信方式等。

2.8 应简述合同节水管理项目施工总工期及分期实施意见。

2.9 应简述合同节水管理项目水土保持、环境影响评价的主要成果。

2.10 应简述合同节水管理项目建设期、运行期管理单位及人员设置、运行经费及来源。

2.11 应简述合同节水管理项目节水预期效果。

2.12 应简述合同节水管理项目主要工程量，说明投资估算，工程静态总投资，总投资等。

2.13 应简述合同节水管理项目的商务模式，采用的合同节水模式（节水效益分享型、效果保证型、用水费用托管型等）、合同期等。

2.14 应简述合同节水管理项目经济评价的主要依据、费用及效益估算、国民经济评价、资金筹措方案、财务评价，以及利用外资项目经济评价的主要方法和结论。

2.15 应简述本合同节水管理项目实施的主要结论和建议。

3 项目概况

3.1 用水户基本情况

3.1.1 应说明用水户的地理位置、单位性质，当地的水费单价等。

3.1.2 应说明项目所在地区的降水、蒸发、气温、风速及冻土层等水文气象要素特征值，简述项目区的工程地质条件。

3.1.3 应说明项目区的用水人数、用水建筑物数量及用水人员、用水建筑物的用水性质。

3.2 用水基本情况

3.2.1 应说明项目区的供水来源、供水系统（供水管网、加压泵站等）工作现状。

3.2.2 应列明项目区近 3 年的用水量。

3.2.3 应分析项目区各区域（如公共区、食堂、宿舍等）的用水情况，列明各区域的用水终端数量。

3.3 用水户用水存在的问题

3.3.1 分析供水管网的问题

3.3.2 分析用水计量的问题

3.3.3 分析用水终端的问题

3.3.4 分析每个用水区域存在的问题

3.3.5 分析供水水管理系统存在的问题

4 项目建设的必要性与建设任务

4.1 项目建设的必要性

4.1.1 应概述与项目有关的当地节水规划等成果，以及用水户节水诊断的主要结论。

4.1.2 应说明项目区现有供节水设施的基本情况与存在的主要问题。

4.1.3 应根据当地经济社会发展和相关行业发展分析合同节水管理项目的意义，综合论述合同节水管理项目的必要性。

4.1.4 简述合同节水管理项目的经济可行性和技术可行性。

4.2 建设任务

4.2.1 应说明确定合同节水管理项目建设任务的指导思想、设计思路、基本原则和依据。

4.2.2 应明确实施合同节水管理项目前的用水基准数据，初步确定合同节水管理项目的节水目标和建设任务，主要内容包括：供水管网系统改造，用水终端更换安装，中央空调改造，绿地节水灌溉，智能监管平台建设情况，非常规水源利用等。

5 节水方案设计

5.1 设计依据

5.1.1 应简述合同节水管理项目的立项批准意见。

5.1.2 应说明设计依据的主要技术标准和相关文件。

5.2 总体方案

　　简述合同节水管理项目的主要改造范围与改造内容。

5.3 供水管网系统改造

5.3.1 地下综合管网探测

5.3.2 管网渗漏探测

5.3.3 管网系统完善

5.3.4 管网漏损修复

5.3.5 管材比选

5.3.6 二次供水设备改造

5.4 公共区卫生间节水改造

5.4.1 水龙头节水改造

5.4.2 坐便器节水改造

5.4.3 蹲便器节水改造

5.4.4 小便器节水改造

5.5 食堂节水改造

5.5.1 水龙头节水改造

5.5.2 食堂节水型洗菜机

5.5.3 食堂节水型洗碗机

5.6 宿舍节水改造

5.6.1 宿舍卫生间节水改造（参照公共区卫生间节水改造）

5.6.2 宿舍浴室节水改造

5.7 中央空调系统节水

5.7.1 中央空调冷却塔填料清洗更换

5.7.2 中央空调系统清洁

5.7.3 中央空调冷却水净水设备安装

5.8 内部绿地灌溉节水

5.8.1 非常规水源替换

5.8.2 灌溉方式比选

5.8.3 土壤墒情和温湿度测量

5.8.4 小型气象站安装

5.8.5 智慧灌溉平台搭建

5.9 节水监控平台

5.9.1 节水监控平台概述

5.9.2 计量设备比选

5.9.3 节水监控平台主要功能

5.9.4 节水监控平台 APP 和微信小程序开发

5.10 非常规水利用

5.10.1 雨水收集回用

5.10.2 空调冷凝水收集回用

5.10.3 饮水机尾水（浓水）收集回用

5.10.4 洗澡水收集回用

5.10.5 灰水收集回用

5.10.6 锅炉冷凝水收集回用

5.11 附图与附表

5.11.1 应提供下列附图：

推荐方案的管网总体布置图。

新改扩建建筑物工程布置图及剖面图。

典型部位的用水终端布置图。

5.11.2 应提供下列附表：

更换用水终端数量汇总表

主要工程量汇总表

6 施工组织设计

6.1 施工条件

6.1.1 应简述项目区对外交通现状、场内交通条件。

6.1.2 应简述项目区施工场地及水、电供应等条件。

6.1.3 对改建及扩建项目，应说明用水户教学、生活等正常工作对项目施工的要求。

6.1.4 应简述建筑材料的来源及供应条件。

6.1.5 应简述有关部门对工程建设的要求。

6.2 主体工程施工

6.2.1 应基本选定主体工程的施工方法和施工程序。

6.2.2 估列主要施工设备。

6.3 施工总布置

6.3.1 选定项目区对外交通运输方案和场内主要交通干线布置。

6.3.2 应确定施工占地范围，估算施工占地面积。

6.3.3 应初步确定施工总体布置。

6.4 施工总进度

6.4.1 应说明施工总进度安排原则和依据，安排施工总进度，基本确定施工总工期。

6.4.2 应提出施工控制性进度和相应的施工强度。

6.5 附图与附表

6.5.1 应提供下列附图：

——施工总布置图。

——对外交通示意图。

6.5.2 应提供下列附表：

——施工总进度表。

——主体及临时工程量汇总表。

——主要施工设备表。

7 环境影响评价

7.1 一般规定

7.1.1 应说明环境影响评价依据的国家现行有关法律、法规和标准。

7.1.2 应明确项目区环境敏感点和主要环境保护目标；确定环境保护设计标准。

7.2 环境现状调查和评价

7.2.1 明确主要环境敏感点，简述环境调查成果。

7.2.2 应进行环境现状评价，分析现状存在的主要环境问题，提出环境影响预测和评价结论。

7.3 环境保护对策措施

7.3.1 应提出施工期及运行期废水、废气、固体废弃物和噪声污染等防治措施。

7.3.2 应提出水环境保护对策和措施。

7.4 环境管理与监测

7.4.1 应分别提出施工期及运行期环境保护管理方案。

7.4.2 应根据环境保护监测的内容、周期、频次与要求，提出环境监测方案。

7.5 投资估算

7.5.1 应说明投资估算的编制原则、依据和价格水平年。

7.5.2 应根据现行环境保护概（估）算编制规定，编制环境保护投资估算。

8 项目管理

8.1 项目施工期管理

8.1.1 应提出项目施工期管理单位的组建方案。

8.1.2 应简述项目实施、建设资金使用、质量监督及工期控制等管理措施。

8.2 项目运行期管理

8.2.1 应提出合同节水管理项目运行期工程管理机构设置方案。

8.2.2 基本确定项目运行期的管理体制和管理单位的外部隶属关系、相应的职责和权利。对于运行期由节水服务企业管理的项目，应提出用水户后勤管理体制改革方案。

8.2.3 应提出合同节水管理项目运行期的管理目标。

8.2.4 应提出合同节水管理项目运行期的管理范围、主要维护内容。

8.2.5 应初步提出运行期供节水设施管理办法和主要管理措施。

8.2.6 应分析合同节水管理项目实施后维持运行所需的年运行费或总成本费用，重点说明各项费用的来源及筹资措施或建议。

9 投资估算

9.1 一般规定

9.1.1 简述合同节水管理项目地点、工程规模、目标和效益，工程布置型式和主要工程内容、主要工程量、主要材料用量和劳力用量、对外交通条件、施工总工期等。

9.1.2 投资估算编制原则及依据：采用的定额、费用标准及有关规定，主要材料来源地、供货比例及人工机械台班单位计算依据，投资估算的价格水平年。

9.1.3　说明项目总投资、静态总投资、各部分投资。

9.2　投资估算成果

9.2.1　投资估算成果应包括投资估算报告和附件。

9.2.2　投资估算报告应包括下列内容：

——编制说明。

——编制原则及依据。

——工程投资总估算表。

——工程部分投资估算（包括总估算表、建筑工程估算表、机电设备及安装工程估算表表表格、金属结构设备及安装工程估算表、施工临时工程估算表、独立费用估算表、建筑工程单价汇总表、安装工程单价汇总表、主要材料预算价格汇总表、其他材料预算价格汇总表、施工机械台班费汇总表、主体工程主要工程量汇总表、主体工程主要材料数量汇总表、主体工程工时数量汇总表。）

10　效益分析与经济评价

10.1　节水效益

10.1.1　明确合同节水管理项目实施后的预期节水率（节水量）。

10.1.2　通过节水率（节水量）计算出直接节水效益。

10.1.3　应说明项目的计会、生态与环境效益。

10.2　费用估算

10.2.1　应说明项目固定资产投资、流动资金、年运行费、折旧费、税金、财务费用的估算依据和方法。

10.2.2　估算项目成本费用。

10.2.3　说明需交纳税金的有关税种、税率，估算税额。

10.3　国民经济评价

10.3.1　应明确经济评价指标和评价准则，计算经济内部收益率、经济净现值和经济效益费用比等指标，并对其进行分析评价。

10.3.2　应提出敏感性分析成果。

10.3.3　应对工程项目经济合理性进行综合评价，提出评价结论意见。

11　商务模式

11.1　合同节水模式设计

11.1.1　根据节水预期效果和项目投资设计合同节水模式。

11.1.2　推荐模式需进行投资回报分析，应分析项目财务生存能力、财务盈利能力和清偿能力等评价指标。

11.2　合同期限

11.3　应明确用水户与节水服务企业的结算方式

12　结论与建议

12.1　应综述项目建设的必要性及经济、社会、生态与环境效益。

12.2　应评价项目区节水诊断情况和存在的主要问题。

12.3　应评价项目的总体布置、节水设计方案的技术可行性以及存在的主要问题。

12.4　应综述项目投资估算和经济评价成果。

12.5　应说明对下阶段招标技术文件、施工图设计以及其他方面工作要求的建议。

×××合同节水管理项目工程验收
鉴定书

年　　月

×××合同节水管理项目完工验收委员会

×××合同节水管理项目完成工验收
鉴定书

验收主持单位：

节水服务商：

监理单位：

设计单位：

施工单位：

运行管理单位：

完工验收日期：　　　年　　月　　日至　　　年　　月　　日

完工验收地点：

前言（简述竣工验收主持单位、参加单位、时间、地点等）

一、项目概况

（一）工程名称及位置

（二）工程主要建设内容

包括设计批准机关及文号、工程建设标准、批准建设工期、工程总投资、投资来源等，叙述到单位工程。

（三）工程建设有关单位

包括用水单位、节水服务商、设计、施工、主要设备制造、监理、咨询、质量监督、运行管理等单位。

（四）工程施工过程

包括工程开工日期及完工日期、主要项目的施工情况及开工和完工日期、施工中发现的主要问题及处理情况等。

（五）工程完成情况和主要工程量

包括完工验收时工程形象面貌、实际完成工程量与批准设计工程量对比等。

二、概算执行情况及分析

包括年度投资计划执行、概算及调整、竣工决算、竣工审计等情况。

三、阶段验收、单位工程验收及工程移交情况

包括验收时间、主持单位、遗留问题处理、工程项目移交单位和时间。

四、工程初期运用及工程效益

包括初期应用效果、工程建设期间效益发挥情况。

五、工程质量鉴定

包括分部工程、单位工程质量情况，鉴定工程质量等级。

六、存在的主要问题及处理意见

包括竣工验收遗留问题处理责任单位、完成时间，工程存在问题的处理建议，对工程运行管理的建议等。

七、验收结论

包括对工程规模、工期、质量、投资控制、能否按批准设计投入使用，以及工程档案资料整理等作出明确的结论：对工期使用提前、按期、延期，对质量使用合格、优良，对投资控制使用合理、基本合理、不合理，对工程建设规模使用全部完成、基本完成、部分完成等明确术语。

八、验收委员会委员签字表

验收委员会委员签字表

	姓　名	单位（全称）	职务和职称	签　字	备　注
主任委员					
副主任委员					
副主任委员					
委员					
委员					
委员					
委员					
委员					
委员					
委员					

九、被验单位代表签字表

被验收单位代表签字

姓　名	单位（全称）	职务和职称	签　字	备　注
	节水服务商：			
	监理单位：			
	设计单位：			
	施工单位：			
	运行管理单位：			
	主要设备制造（供应）商：			

参 考 文 献

［1］ 《〈中共中央、国务院关于加快水利改革发展的决定〉辅导读本》编写组.《中共中央、国务院关于加快水利改革发展的决定》辅导读本 ［M］. 北京：中国水利水电出版社，2011.

［2］ 玉言潭. 深刻审视我国基本国情水情——学习贯彻中国水利工作会议精神之二 ［J］. 水利发展研究，2011（8）：12，14.

［3］ 新华社. 坚持节约资源和保护环境基本国策努力走向社会主义生态文明新时代——习近平在中共中央政治局第六次集体学习时的讲话 ［N］. 新华网，2013-05-24.

［4］ 康福贵. 加强水资源利用保护助力节水型社会建设 ［J］. 海河水利，2018（2）：7-9.

［5］ 中共中央文献研究室. 习近平关于全面建成小康社会论述摘编 ［M］. 北京：中央文献出版社，2016.

［6］ 中国共产党第十八届中央委员会.《中共中央关于制定国民经济和社会发展第十三个五年规划的建议》单行本 ［M］. 北京：人民出版社，2015.

［7］ 郑通汉. 中国合同节水管理 ［M］. 北京：中国水利水电出版社，2016.

［8］ 水利部综合事业局，水利部水资源管理中心. 合同节水管理推行机制研究及应用 ［M］. 南京：河海大学出版社，2018.

［9］ 张旺，唐忠辉. 合同节水管理有关情况及其建议 ［J］. 水利发展研究，2016，16（4）：10-12.

［10］ 新华社. 李克强在水利部考察 ［DB/OL］. 中华人民共和国中央人民政府网站 ［2014-11-25］. http：//www. gov. cn/xinwen/2014-11/25/content_2783309. htm.

［11］ 陈雷. 积极践行新时期治水思路奋力开创节水治水管水兴水新局面——水利部部长陈雷同志在2015年全国水利厅局长会议上的讲话 ［DB/OL］. 中华人民共和国水利部网站.［2015-01-09］. http：//www. mwr. gov. cn/xw/slyw/201702/t20170212_844023. html.

［12］ 马文波. 我国合同能源管理市场扶持与监管制度研究 ［D］. 杭州：浙江财经大学，2015.

［13］ 李成威. 公共产品理论与应用 ［M］. 上海：立信会计出版社，2011.

［14］ 埃米尔·涂尔干. 社会分工论 ［M］. 渠东，译. 北京：生活·读书·新知三联书店，2000.

［15］ 中国共产党第十八届中央委员会.《中共中央关于全面深化改革若干重大问题的决定》单行本 ［M］. 北京：人民出版社，2013.

［16］ 周燕，廉莲. 契约理论综述 ［J］. 管理观察，2008（23）：258-259.

［17］ 金晶，王颖. 委托代理理论综述 ［J］. 中国商界（下半月），2008（6）：247.

［18］ 中国水利企业协会节水分会. 中国合同节水发展报告（2017）［R］. 2018.

［19］ 刘静，鞠雪娇，陈思灼. 发达国家水资源审计对我国的启示 ［J］. 吉林省经济管理干部学院学报，2017，1（6）：115-120.

［20］ 尹庆民，刘德艳，焦晓东. 合同节水管理模式发展与国外经验借鉴 ［J］. 节水灌溉，2016（10）：101-104.

［21］ 邹玮. 澳大利亚可持续发展水政策对中国水资源管理的启示 ［J］. 水利经济，2013，31（1）：48-52.

［22］ 张艳芳，Alex Gardner. 澳大利亚水资源分配与管理原则及其对我国的启示 ［J］. 科技进步与对策，2009，26（23）：56-58.

［23］ 陈洁，许长新. 智利水法对中国水权交易制度的供鉴 ［J］. 人民黄河，2005，27（12）：47-48.

［24］ 倪易洲. 新加坡、澳大利亚节水管理体系研究 ［C］//经济发展方式转变与自主创新——第十二届中国科学技术协会年会（第一卷），2010.

［25］ Johnson Controls. An awakening in energy efficiency：financing private sector building retrofits

［R］. USA：Milwaukee，2010.

[26] Craig Hannah. Performance contracting finances water loss reduction programr［B/OL］. http：// www. waterworld. com/arti - cles/201l1/10/performance - contracting - finances - water - loss - re-duc - tion - program. html，2011 - 10 - 04.

[27] Organization for Economic Cooperation and Development. Guidelines for performance - based con-tracts between water utilities municipalities：lessons learnt from Eastern Europe，Cauca—SUS and central asia［R］. Kazakhstan：OECD，2010.

[28] Veolia. Performance contract for the water sector in Oman［R］. Muscat：Veolia，2014.

[29] Maude Barlow，Tony Clarke. 水资源战争［M］. 张岳，卢莹，译. 当代中国出版社，2008.

[30] 林洪孝，王国新. 用水管理理论与实践［M］. 北京：中国水利水电出版社. 2003.

[31] 吴寿仁. 环保、节能节水、资源综合利用税收优惠政策［J］. 华东科技，2009（5）：16 - 17.

[32] 于强，于加睿. 河北省合同能源管理推广研究［J］. 河北大学学报（哲学社会科学版），2012（5）：53 - 56.

[33] 陈秀凤，李平. 节水企业所得税优惠政策研究［J］. 财会月刊，2013，8（13）：48 - 50.

[34] 赵立敏. 合同节水管理机制的创新与实践［J］. 河北水利，2015（8）：4 - 5.

[35] 王华，卢顺光. 合同节水管理模式及其运行机制框架［J］. 中国水利，2015（19）：6 - 8，12.

[36] 张祖鹏. 合同能源管理模式在最严格水资源管理中的应用——以长兴县为例［J］. 浙江水利科技，2016，44（1）：32 - 33.

[37] 刘德艳，尹庆民. 基于修正 Shapley 模型的合同节水管理利益分配研究［J］. 水利经济，2016，34（3）：53 - 58.

[38] 尹庆民，刘德艳. 合同节水管理利益分配研究［J］. 节水灌溉，2016（7）：73 - 76.

[39] 李如月，冷建飞. 合同节水管理项目的风险评价研究［J］. 节水灌溉，2016（11）：88 - 90，95.

[40] 郭路祥. 我国合同节水管理现状与前景分析［J］. 中国水利，2016（15）：18 - 21.

[41] 刘云杰. 推行合同节水管理的难点与对策［J］. 水利经济，2017，35（5）：32 - 35.

[42] 曹淑敏. 实施创新驱动 构建合同节水管理科技支撑体系［J］. 水利经济，2017，35（5）：36 - 38.

[43] 曹淑敏. 运用市场机制推行合同节水管理的路径［J］. 水利经济，2017，35（5）：39 - 41，74.

[44] 张继群，罗林，杨延龙. 合同节水管理标准体系构建［J］. 水利经济，2017，35（5）：42 - 44，59.

[45] 郭路祥，刘彬. 合同节水管理投资模式探讨［J］. 水利经济，2017，35（5）：45 - 48.

[46] 钟恒，徐睿，崔旭光，等. 合同节水管理模式在高校的应用研究——以河北工程大学为例［J］. 水利经济，2017，35（5）：49 - 52.

[47] 马妍，刘峰. 基于合同管理模式的节水产业税收政策研究［J］. 水利经济，2017，35（5）：53 - 56.

[48] 张继群，罗林，许凤冉，等. 合同节水管理相关标准解析［J］. 水利经济，2017，35（5）：57 - 59.

[49] 中华人民共和国水利部. 中国水资源公报 2016［M］. 北京：中国水利水电出版社，2017.

[50] 尹庆民，陈普，许长新. 公平熵下合同节水管理效益分配研究［J］. 节水灌溉，2017（8）.

[51] 唐忠辉. 细化强化合同节水管理财税激励政策［J］. 环境经济，2017（22）：58 - 61.

[52] 肖新民. 实行合同节水管理促进精准灌溉发展［C］//第四届中国农业精准灌溉创新发展论坛论文集. 2017.

[53] 佚名. 市场杠杆撬动水生态修复合同节水管理凸显综合效益［J］. 西南给排水，2017（39）：41 - 42.

[54] 伍彩球. 上海市推广合同节水管理前景分析［J］. 资源节约与环保，2017（6）：60 - 61.

[55] 邓雅芬. 合同节水管理法律规则初探［J］. 长江大学学报（社会科学版），2017，40（3）：77 - 81.

[56] 中华人民共和国国家发展和改革委员会，中华人民共和国水利部，中华人民共和国住房和城乡建设部．节水型社会建设"十三五"规划 [R]. 2017.

[57] 徐富民．城市公共机构系统节水技术研究 [J]. 中国资源综合利用，2018，36（9）：122－125.

[58] 邓雅芬．我国节水管理合同法律规制研究 [D]. 福州：福建师范大学，2018.

[59] 唐青凤．煤炭型城市推广合同节水管理的前景——以山西省晋城市为例 [J]. 中国水利，2018，（11）：13－14.

[60] 徐富民．合同节水管理模式在高校节水实践探索 [J]. 黑龙江科技信息，2018（28）：153－154.

[61] 杨楠，陈荣，李佳杰．合同节水管理项目利益分配方案 [J]. 商情，2018（37）：296－297.

[62] 周林康，李超．合同节水管理在城镇生活用水领域的推广前景 [J]. 山西水利，2018，34（8）：44－45.

[63] 肖新民．政府与市场两手发力推进合同节水管理 [J]. 中国水利，2018（6）：24－26.

[64] 张国玉，赵倩，许峰，等．重点领域合同节水管理市场前景分析 [J]. 水利经济，2018，36（5）：61－63.

[65] 吴浩云，秦忠，孙志，等．太湖流域片合同节水管理实践与思考 [J]. 中国水利，2018（5）：18－20.

[66] 唐忠辉，罗琳．推行合同节水管理的绿色金融政策分析 [J]. 水利发展研究，2018，18（2）：8－11.

[67] 王寅，周维伟，范景铭，等．公共管网合同节水量参与水权交易的模式研究 [J]. 水利经济，2019，37（6）：76－79.

[68] 曹淑敏．合同节水模式下节水量纳入水权交易的有关问题与对策 [J]. 水利经济，2019（4）：36－38.

[69] 郭晖，陈向东，董增川，等．基于合同节水管理的水权交易构建方法 [J]. 水资源保护，2019，35（3）：37－42，66.

[70] 汪伦焰，武杨凯，李慧敏，等．基于云模型的合同节水管理风险评价 [J]. 节水灌溉，2019（5）：104－108.

[71] 鲁达明．合同节水管理模型对节水管理效益分配的对比研究 [J]. 陕西水利，2019（1）：67－69.

[72] 梁艳清，何立新．高校节水的样板——河北工程大学合同节水 [J]. 河北水利，2019（4）：11，27.

[73] 王寅，任亮，王崴，等．基于合同节水管理模式的水权交易可行性研究 [J]. 水利经济，2019，37（4）：39－41.

[74] 刘鑫颖，王寅，张彬．水权交易会计核算探索——基于合同节水管理模式 [J]. 财会学习，2019（5）：1－3.

[75] 吴耀民．上海市合同节水管理实践探索与对策浅析 [J]. 中国水利，2019（13）：12－14.

[76] 赵志刚，刘曦．北京高校节水现状及合同节水探索与思考 [J]. 北京水务，2019（3）：12－16.

[77] 韦凤年，刘岩岩．创新节水服务模式推动合同节水管理——访上海济辰水数字科技有限公司总经理张维勇 [J]. 中国水利，2019，（13）：68－69.

[78] 崔旭光，孔庆捷．合同节水投资机制创新与实践 [J]. 大科技，2019（48）：8－9.

[79] 白岩，白雪，蔡榕，等．合同节水管理标准化及案例分析 [J]. 标准科学，2020（1）：14－17.

[80] 宋胜丽．以上海为例分析合同节水在用水定额管理中的作用 [J]. 节能，2020，39（5）：158－159.

[81] 崔旭光，刘彬．农业水权确权及交易模式研究 [J]. 水利发展研究，2020（7）：4－8.

[82] 李慧敏．合同节水管理下城市生活需水量预测 [D]. 邯郸：河北工程大学，2020.

[83] 中华人民共和国水利部．中国水资源公报2019 [M]. 北京：中国水利水电出版社，2020.